ANNI HAUSLADEN
GERDA LAUFENBERG

DIE KUNST DES KLÜNGELNS

Erfolgsstrategien für Frauen

Klüngeln & Co

5. aktualisierte Auflage 2014

KLÜNGELN & CO
Anni Hausladen
www.frauen-kluengeln.de

Umschlagmotiv und Zeichnungen: Gerda Laufenberg
Umschlaggestaltung: Robert Hennes
Printed in Germany

ISBN 978 3 00 045572 8

INHALT

FRAUEN KÖNNEN VIEL – ABER ERREICHEN NICHT GENUG

Wir haben lange überlegt, ob wir Ihnen, liebe Leserin, diese Behauptung gleich zum Einstieg zumuten sollen. Wir hätten auch sagen können: Frauen können viel mehr als das, was sie auf den wenigen Pöstchen und Positionen, die sie ergattern, unter Beweis stellen können. Bitte verweisen Sie jetzt nicht auf die eine oder andere Ministerin, auf Ihre Freundin, die Bürgermeisterin, oder auf Ihre Tante, die Schulleiterin. Erstens ist weibliche Führung immer noch die Ausnahme in einer männergeleiteten Welt, und zweitens: Was ist mit Ihnen selbst? Stehen Sie beruflich an der Stelle, die Ihnen und Ihrem Können entspricht? Haben Sie das erreicht, was Sie erreichen wollten? Oder wird das in absehbarer Zeit geschehen? Seien Sie ganz ehrlich, hier hört Sie keiner: Haben Sie die ganz große Karriere, die hohen Ziele längst abgeschrieben, weil der Vorstoß zu den entscheidenden Ebenen be-

schwerlich ist und aussichtslos erscheint? Aber eigentlich wollten Sie doch ganz woanders hin? Es hat ja sicher einen Grund, dass Sie dieses Buch in Händen halten.

Wir wünschen uns jedenfalls, dass Sie genug haben vom ewigen Warten auf Beförderung. Sie wollen endlich ran an die zahlungskräftige Kundschaft oder an die Gewinn bringenden Aufträge. Das Hoffen auf bessere Zeiten hat noch keine von uns erfolgreich gemacht. Und auch Diplome, Zusatzstudien und Fortbildungen sind keine Karrieregarantie. Lernen Sie, studieren Sie, pauken Sie – was Ihnen Spaß macht und wenn's Ihnen Spaß macht. Aber erhoffen Sie sich allein davon nichts.

Jahrelang haben auch wir, die Autorinnen, fest an die Kraft der Qualifikation geglaubt. Am besten, Sie machen es kurz und schmerzlos: Warten Sie nicht länger darauf, wegen Ihrer Kompetenz und Ihrer hervorragenden Ideen gefördert zu werden, sondern ergreifen Sie selbst die Initiative. Seien Sie stolz auf das, was Sie können – und nutzen Sie eine Kraft, die stärker ist als sämtliche Zeugnisse und Diplome: Nutzen Sie die Kraft des Klüngelns!

AN WEN SICH DIESES BUCH WENDET...

Natürlich an Sie. Wir wollen Sie mit diesem Buch bestärken, endlich den Mut zu finden, persönliche und geschäftliche Beziehungen bewusst für sich und andere einzusetzen. Wir sprechen Sie als Frau an, weil Sie sich entschieden haben, erfolgreich zu sein, und das auch sagen. Oder es zumindest schon denken.

Wir zeigen Ihnen, wie Sie Ihre Ziele erreichen können:

im Beruf, in Vereinen, bei Ihren Freizeitaktivitäten oder für Ihre Familie.

Dazu führen wir Sie – Schritt für Schritt – ein in die «Kunst des Klüngelns». Sie wissen doch: langsam – aber gewaltig.

... UND AN WEN NICHT!

Klüngeln scheidet nur aus für Stubenhockerinnen, Einzelgängerinnen und natürlich für ihre männlichen Entsprechungen. Alle anderen sind grundsätzlich zum Klüngeln geeignet.

Weil sich dieses Buch an Frauen wendet, haben wir bei Gruppen, die sowohl aus Männern wie auch aus Frauen bestehen können, überwiegend die weibliche Form gewählt. Wenn wir also von «Ärztinnen» reden, von «Kolleginnen» oder «Managerinnen», dann sind die männlichen Vertreter dieser Gruppen selbstverständlich mit eingeschlossen.

Außer Eva gab es im Paradies – wie jeder weiß – nur Adam und die Schlange. Während sich die Schlange vor allem durch einen ziemlich verschlagenen Charakter auszeichnete, fehlte Adam jegliche Experimentierfreude. Beides verdirbt aber einen guten Klüngel. Hätte es nur ein paar Leute mehr im Paradies gegeben, dann wäre Eva mit etwas Geschick schon an den begehrten Boskop gekommen. Vielleicht hätte sie es mal mit den Engeln versuchen sollen. Engel tun zwar immer so fromm, haben's aber manchmal faustdick hinter den Flügeln.

Man stelle sich das so vor: Eva hätte sich mit Michael, dem Erzengel und Abteilungsleiter vom Boss, zu einem netten Plausch getroffen. Dabei hätten sie dann herausgefunden, dass Michael gerne mal wieder ein paar neue Chorlieder eingeübt hätte, wofür ihm jedoch das kompositorische Talent fehlte. Ganz im Gegensatz zu Eva. Ihr wäre mühelos ein kleiner, neuer Hit eingefallen, etwa «Oh happy day…». Vor Begeisterung und aus Dankbarkeit hätte ihr Michael angeboten, dem lieben Gott beim nächsten Teamgespräch klarzumachen, dass eigentlich Stachelbeeren den besonderen Schutz der Engel erforderten, während Äpfel zum allgemeinen Verzehr freigegeben werden sollten. Stachelbeeren konnte Eva gar nichts abgewinnen… Leider kam alles ganz anders. Aber eines steht fest: Ein guter Klüngel zur richtigen Zeit kann das Paradies auf Erden erhalten helfen.

KLÜNGELN: WAS IST DAS?

Wir kennen und wir helfen uns – auf eine kürzere Formel kann man es nicht bringen. Sie stammt aus dem Mund von Altbundeskanzler Konrad Adenauer, und der wusste, wovon er sprach. Als ehemaliger Oberbürgermeister von Köln war er fest verwurzelt in der Tradition des Klüngelns, die vermutlich so alt ist wie die Stadt selbst.

Geradezu legendär ist die Geschichte eines Brückenbaus in den zwanziger Jahren. Adenauer umging mit einem tiefen Griff in die Klüngelkiste die Entscheidungen eines Preisgerichts und mehrerer Ausschüsse, um ein Hängebrückenmodell durchzusetzen. Der Entwurf stammte vom damaligen Kölner Baudirektor Adolf Abel, den Adenauer sehr schätzte. Seinen Entwurf hielt er für den besten, obwohl er am kostspieligsten für die Stadt war. Rat und Ausschüsse dagegen bevorzugten eine billigere Eisenbrückenvariante. Ausgerechnet die Kommunisten musste Adenauer für seine Sache gewinnen, denn auf deren Stimmen kam es an. Sein unschlagbares Argument: in Leningrad und Moskau würden nur noch Hängebrücken gebaut.

Gewiss, eine nette Klüngelgeschichte. In Köln gibt es davon unzählige, auffälligerweise datieren sie vorwiegend aus längst vergangenen Zeiten. Insbesondere der politische Klüngel, den Konrad Adenauer perfekt beherrschte, war gekennzeichnet durch kluge Raffinesse, meist zum Wohle seiner Stadt. Diese subtile Form des Agierens und Taktierens scheint der heute vielerorts vorherrschenden Selbstbedienungsmentalität nicht mehr zu entsprechen. Neue gute Klüngelgeschichten auf politischer Ebene sind daher selten.

Klüngeln kann überdies hart an der Grenze zur allgemeinen gesellschaftlichen Moral liegen – und darüber hält man sich im Zweifelsfall eher bedeckt. Wenn sich Politik, Verwaltung und Privatinvestoren gegenseitig Vorteile verschaffen, steht das Gemeinwohl selten im Vordergrund. Anekdoten zum Schmunzeln entstehen daraus selbst bei milder Betrachtung sicher nicht.

Wenn wir uns dennoch mit dem Klüngeln beschäftigen, dann wegen seiner unbestreitbaren Vorteile: Der *gute Klüngel* kann Amtsdickicht lichten, Bürotüren sprengen und in festgefahrenen Situationen einen Ausweg weisen. Deshalb, und weil wir davon ausgehen, dass Frauen ihre Grenzen selbst setzen können, wenden wir uns dem Klüngeln offen zu. In Abwandlung eines wohl bekannten Spruches:

Mädchen, die nicht klüngeln, kommen in den Himmel,
Mädchen, die klüngeln, kommen überallhin.

Klüngeln – so wie es dieses Buch vermitteln will – ist das Aufbauen, Pflegen und Nutzen eines ausgewogenen Systems von Beziehungen. Diese Beziehungen lassen wir spielen. Wer richtig klüngelt, gibt Empfehlungen und wird selbst empfohlen. Wer klüngelt, akzeptiert die Regel: Ich unterstütze dich und du unterstützt mich, ich brauche dich und du brauchst mich. Das funktioniert natürlich nicht immer Zug um Zug. Die Unterstützung, die ich heute leiste, wird irgendwann ausgeglichen: Vielleicht schon morgen, vielleicht aber auch erst im nächsten Jahr. Es ist ein ständiges Ausbalancieren zwischen Geben und Nehmen, ein faires Handeln in beiderseitigem Einverständnis.

Wer klüngelt, gibt nicht auf — Klüngeln, so viel steht fest, hilft, wichtige Beziehungen herzustellen. Es ermöglicht, amtliche Dinge persönlich zu regeln, umständliche Strukturen zu umgehen und Unmögliches in den Bereich des Möglichen zu ziehen. Wer klüngelt, gibt nicht einfach auf, wenn keine Premierenkarten mehr zu bekommen sind, wenn für das geplante Straßenfest keine Genehmigung erteilt wurde oder wenn das Bewerbungsschreiben bei der Firma X erfolglos war. «Keine Chance…», bedauert die Nichtklünglerin. «Wer könnte mir helfen…?», fragt sich die Klünglerin.

Klüngeln heißt: Zielstrebig Umwege einschlagen — Beim Klüngeln steuern Sie selten auf dem direkten Weg zum Ziel. Wer nur geradeaus denkt, muss umdenken lernen. Es gibt nicht nur Hauptstraßen; über Nebenstraßen kommen Sie oft schneller voran. Planvoll überlegen Sie sich Wege und Umwege, um über ein, zwei Ecken ein scheinbar unerreichbares Ziel doch noch zu erreichen.

Geklüngelt wird überall — Absprachen und Vorab-Übereinkünfte gibt es überall, in Hamburg und Dresden ebenso wie in Rio oder Singapur. Überall auf der Welt werden Beziehungen genutzt und Kontakte zur Verfügung gestellt – man kennt und hilft sich auch in Australien. Doch im Rheinland ist dafür der Begriff «Klüngeln» entstanden, der alles erklärt und alles erklärbar macht und auf den bei Erfolg sogar mit Selbstbewusstsein verwiesen wird. Deshalb lässt sich hier darüber offener reden als anderswo. Dort wird zwar auch *gekungelt*, aber kein Oberbürgermeister und schon gar kein Kanzler würde sich je öffentlich dazu bekennen.

Aber auch im Rheinland ist das Klüngeln nicht uneingeschränkt beliebt. Wer davon profitiert, lobt seine beschleunigende Kraft – wer noch nicht daran teilhaben konnte, missbilligt es kopfschüttelnd. Jedenfalls so lange, bis auch er oder sie die Vorteile des Klüngelns zu spüren bekommt.

EIN PHÄNOMEN MIT GESCHICHTE UND TRADITION

Über die Entstehung des Wortes *Klüngeln* gibt es mehr Vermutungen als Gewissheit. Etymologisch lässt sich das Wort auf das mittelhochdeutsche *klüngelin* – kleines Knäuel, Fadenknäuel – zurückführen. Der Wortstamm kommt auch in nordischen Sprachen vor (schwedisch: *klunga*, dänisch: *klynge*). Es lässt sich mühelos nachvollziehen, weshalb gerade das verwickelte Fadenknäuel als Bild für das Fädenspinnen in Netzwerken und Beziehungsgefügen diente.

Wie tief das Klüngeln in der Geschichte wurzelt, zeigt

die Geschichte vom Kölner Erzbischof Ferdinand von Bayern. Der sah sich schon im Jahre 1615 veranlasst, ein Reformdekret herauszugeben, die *clancularia capitula* – das «Klüngelkapitel». Damit wandte sich der fromme Mann gegen das Tun einzelner Stiftsherren, die sich zu «heimlichen Kränzchen» trafen. Dass sie sich dabei nicht nur zum Beten einfanden, sondern auch die eine oder andere Entscheidung gründlich vorbereiteten und Einigungen aushandelten, ärgerte den Erzbischof maßlos. Allen Ernstes schien er zu glauben, diese Form der Einflussnahme durch Dekrete verhindern zu können – statt mit einer Flasche Rotwein in der Hand einfach ebenfalls beim Kränzchen zu erscheinen …

Letztlich ist für uns, die wir statt Vetternwirtschaft und Filz ausschließlich die guten Seiten des Klüngelns zu ergründen suchen, unwichtig, wer das Wort prägte und verbreitete. Dennoch ist es gut zu wissen, dass es sich um ein uraltes Phänomen handelt, das wir traditionsbewusst fortsetzen wollen.

Klüngeln hat viele Definitionen

Ein Phänomen zu definieren, das einerseits unsichtbar bleiben muss, uns aber auf der anderen Seite allgegenwärtig umgibt, ist eine Herausforderung. Es waren bislang fast ausschließlich Männer, die sich an solche Definitionen heranwagten. Das ist nicht weiter verwunderlich, denn bislang beherrschten sie allein das Klüngelfeld. Juristen, Politiker bis hin zu Kulturschaffenden und dem Klerus – sie alle haben ihr ganz eigenes Verständnis davon entwickelt und tauchen den Klüngel dabei in ein gleichermaßen mildes wie facettenreiches Licht. Die Definitionen reichen von der «Ausräumung von Schwierigkeiten im Vorfeld der Entscheidungen» über die «Vermenschlichung von Behörden» und der «mitsteuernden Macht» bis hin zur «segensreichen Manipulation zum allgemeinen Nutzen». Einig sind sich alle darin, dass beim Klüngeln die Ausnahme wichtiger sei als die Regel, weil nur sie den Instanzenweg verkürzen könne.

Das alles klingt einladend, doch sei hier nicht verschwiegen, dass es durchaus auch negative Definitionen gibt. Professor Adam Wrede, der ein dreibändiges Werk über den kölschen Sprachschatz verfasste, beschreibt Klüngeln als «allgemeine, unlautere, eigensüchtige, geheime Machenschaften …», die nur einem einzigen Zweck dienen, nämlich der «Regelung persönlicher oder öffentlicher Angelegenheiten unter der Hand, heimlich, nicht offen, mit Hilfe der Verwandten, Freunde, Amts-, Berufs- oder Parteigenossen». Im Allgemeinen werde in Gruppen geklüngelt, unter gegenseitiger Bevorzugung. Dieser Vorwurf mag oft genug berechtigt sein. Interessant ist daher zu beobachten, wie die Kollegen aus der Abteilung «Marketing» an das Thema herangehen.

«Die Anreiz-Beitrags-Theorie» — Udo Koppelmann, Kölner Professor für Betriebswirtschaft mit Schwerpunkt Marketing, stellt seinen Studenten und Studentinnen die so genannte «Anreiz-Beitrags-Theorie» vor: «… nur wer entsprechende Anreize bietet, kann auf die gewünschte Gegenleistung (= Beiträge) hoffen». Hier geht es um Marketing, und deshalb sind hier Unternehmen gemeint, die sich gegenseitig «anreizen», um dafür Gegenleistungen zu erhalten, etwa einen besonderen Service oder hohe Qualitätssicherung. Nun ist es in der Praxis schwer vorstellbar, wie etwa die abstrakte Rechtsform KG die Rechtsform

GmbH anreizt. Vorstellbar ist es aber, dass sich der Einkäufer X, der ein Mensch ist, zu Gegenleistungen angespornt fühlt. Ein herzlicher Kontakt, gefestigt durch die Weihnachtslieferung Champagner, die Einladung in die VIP-Lounge der Oper oder ins firmeneigene Jagdhaus, könnten für ihn durchaus ein Anreiz sein, auch in Zukunft seine Großaufträge an den gleichen Lieferanten zu erteilen und die gute Kooperation noch zu vertiefen. Wortwörtlich steht das so natürlich nicht im Lehrbuch für Verkauf und Marketing, denn dann wäre offensichtlich, dass bestimmte Werte und Erkenntnisse guter alter Klüngeltradition durchaus Eingang in moderne Verkaufsstrategien gefunden haben.

Networking und Klüngeln: Zwei Wörter für die gleiche Sache? — Networking ist das neudeutsche Zauberwort, das es – unbelastet von historischen Entwicklungen – ausdrücklich gestattet, Beziehungen zu knüpfen, um Beziehungen zu nutzen. «Ein Netzwerk ist ein Gewebe ausgesuchter Beziehungen zwischen einzelnen Menschen, die Informationen, Ressourcen und Unterstützung austauschen», schreibt Monika Becht, Beraterin für Fach- und Führungskräfte im Bereich Karrieremanagement. Zum Networking braucht man Zeit, Geld und Energie. Die so erreichten Verbindungen und Kontakte sind hilfreich für das Erreichen von Zielen.

Wüssten wir es nicht besser, würden wir denken, hier handele es sich um eine wohl durchdachte Beschreibung echten, guten Klüngelns. Wir stellen also fest:

Networking ist eine neuzeitliche, berufliche Vernetzungsstrategie mit hohem Ansehen. Top-Manager und Jungunternehmer verklüngeln, Pardon: vernetzen sich, professionell und zielorientiert, und das heißt vor allem, dass sie sich gegenseitig Jobs, Tipps und Informationsvorsprünge verschaffen. Solches auf dem Wege des Klüngelns zu erreichen ist dagegen anrüchig. Dabei steht plötzlich der Vorwurf der *eigennützigen Vorteilsverschaffung* im Raum, der bei Networking geradezu zur Pflicht gehört.

Und weshalb nimmt man dem Klüngel krumm, was man dem Networking gern verzeiht? Weil der Klüngel sich nicht als wissenschaftlich sanktionierte Marketingstrategie definiert und nicht nach Formeln und mathematischem Kalkül abläuft, sondern sich bewusst und absichtsvoll als Teil des menschlichen Miteinanders mit all seinen Unwägbarkeiten versteht. Es gibt keinen Lehrstuhl für Klüngeln, obwohl viele Marketing-Erkenntnisse klingen, als seien sie von Klüngel-Experten erarbeitet worden.

Klüngeln – falsch verstanden

Falls Sie aus dem Ruhrgebiet oder dem Westfälischen stammen, werden Sie das Wort *Klüngeln* in einem ganz anderen Zusammenhang kennen: Im dortigen Sprachgebrauch ist damit ein Herumbummeln, ein Sichverzetteln gemeint, bei dem kein richtiger Fortschritt zu sehen ist. Auch das lässt sich womöglich geschickt betreiben, doch davon handelt dieses Buch nicht.

Das Wort *Klüngel* hat neben anderen Bedeutungen auch die eines «sehr krummen Weges». Dieses Bild kommt unserem Klüngelverständnis recht nahe, wenn dabei nicht ein unangenehmer Unterton mitschwingen würde, der leicht zu Fehleinschätzungen führen kann: Die Klünglerin geht keine krummen Wege, sie benutzt nur hin und wieder Umwege.

Korruption oder der «fiese» Klüngel — Korruption gibt es überall: Ob Verwaltungsbeamte oder Polizisten, Geschäftsleute, Politiker oder ganze Regierungsparteien – sie alle können mit erkauftem Einfluss und erkaufter Macht, mit Schmiergeldern und Bestechung zu tun haben. Viel lieber wäre es uns, solch unschöne Dinge würden sich nur weit weg in entferntesten Kontinenten abspielen. Skandale um Bestechungen, um unberechtigte Einflussnahme und Vetternwirtschaft ereignen sich aber auch in Brüssel und Straßburg, im olympischen Komitee oder im Bauamt unserer Stadt. Die Zeitungen berichten mit großen Schlagzeilen auf Seite eins darüber. In diesem Zusammenhang wird das Wort *Klüngel* allerdings missbraucht: Korruption bleibt Korruption und Bestechung bleibt Bestechung. Klüngeln – so wie wir es verstehen und verstanden haben wollen – ist ein feines Netzwerk, eine kluge Verknüpfung von Kompetenzen, Möglichkeiten und Verbindungen. Da greift vieles ineinander – aber nicht die Hand nach dem Scheck.

Schnöde Bestechung gibt es natürlich auch, sie zu ignorieren wäre weltfremd. Wir wissen aus der Erfahrung vieler befragter Unternehmerinnen: In gewissen Bereichen ist ohne Schecks (oder Bargeld) kein Auftrag zu ergattern. Der Scheck als solcher steht dabei gar nicht mehr zur Debatte, nur noch seine Höhe. Und wenn es kein Scheck ist, dann ist es eine bestimmte, kostenlose Leistung, die erwartet wird und die ihrer Bemessung und ihrem Anlass nach nicht mehr als «Ausgleich» zu verstehen ist.

Es ist müßig, an dieser Stelle in empörte Entrüstung zu verfallen. Dass der bestochene Beamte, der Steuergelder durch überteuerte Auftragsvergabe verschleudert, mit halbem Bein im Gefängnis steht, weiß er selbst. Und auch die Angestellte, die solche Aufträge gegen «Zusatzhonorar» an Meistbietende vergibt, weiß, dass sie sich strafbar macht. Wir wollen hier weder anklagen noch verteidigen, denn solche Praktiken sind nicht Gegenstand unseres Buches, und niemand ist gezwungen, daran teilzunehmen. Unser Thema sind die feinen Raffinessen des Klüngelns, des Beziehungen-Knüpfens, und wir trauen Frauen selbstverständlich zu, die Grenzen für sich selbst zu setzen.

{ Diese Geschichte erzählte uns ein Nachbar bei einem Glas Sekt auf seiner Terrasse. «Nein, ich bin kein guter Klüngler. Dazu fehlt mir einfach die Zeit. Und auch das Talent. Aber natürlich passieren die tollsten Sachen … Kürzlich war ich im Architekturbüro von Herrn X. Der Bauleiter hatte mich dort hingebeten, um mit ihm Einzelheiten einer Auftragsvergabe zu besprechen. Ich hatte den Auftrag schon so gut wie in der Tasche und ging gut gelaunt ins Büro. Es saßen schon einige andere Unternehmer dort, der Bauleiter bat mich noch einmal kurz vor die Tür und erklärte kategorisch: «Über eines möchte ich vorab Klarheit schaffen: Ich hasse es, wenn von uns beauftragte Unternehmer zu Weihnachten oder zum neuen Jahr hier im Haus mit Präsenten auftauchen und Champagner oder Gott-weiß-was an alle verteilen. Die meisten der Angestellten haben ohnehin nichts mit der Auftragsvergabe zu tun. Also damit Sie's wissen: Das ist einfach nicht unser Stil.»

«Schön», sagte ich, «das ist auch nicht mein Stil.»

Es folgte ein längeres Schweigen.

Dann begann der Bauleiter aufs Neue: «Also ich persönlich habe allerdings eine Leidenschaft: Rennräder. Handgefertigte Rennräder …»

Ich war perplex. Erst mal auf stur schalten, dachte ich. «Tut mir Leid, da kann ich nicht mitreden. Ich verstehe von solchen Sachen gar nichts.»

«Na, , Sie haben vielleicht von diesem italienischen Designer gehört, der fertigt Räder von Hand – maßgeschneidert. Wunderbare Objekte, Objekte von innerem Wert... Sind allerdings nicht billig, diese Dinger.»

Ohne richtig zu überlegen, fragte ich fast anstandslos: «Ja was kosten sie denn, diese Dinger?»

Und dann nannte er mir einen Preis, der mich wirklich umhaute. Der Bauleiter sah mich mitfühlend an: «Wenn Sie hier die üblichen Geschenke verteilen, kostet Sie das auch eine Stange Geld. Und es wäre wirklich ganz unangebracht ...»

KLÜNGELN – WARUM FÜR FRAUEN?

Wer anderen dient, nützt sich selbst
(Leitspruch der Rotarier)

Soweit der Blick zurück in die Geschichte reicht: Männergesellschaften, Zünfte, Clubs, Vereine und Zirkel, Zusammenschlüsse von Männern für Männer. Seit Jahrhunderten gibt es diese Institutionen in erstaunlicher Vielfalt, in allen Völkern und Kulturen – keineswegs nur in Europa. 1990 zeigten die Ethnologinnen Gisela Völger und Karin von Welck dies in ihrer spektakulären Ausstellung «Männerbünde – Männerbande» im Rautenstrauch-Joest-Museum in Köln. Männer, so ein Fazit der Ausstellung, verbünden sich mit dem Ziel, ihre Dominanz in der Gesellschaft zu erhalten und auszuweiten. Und noch eins haben alle Bünde, so unterschiedlich ihre Entstehungsgeschichte und ihre Zielrichtungen auch sind, miteinander gemein: den Ausschluss der Frauen von politischer Macht. Indem sich Männer systematisch zu Hütern von Recht und Ordnung ernannten, sich zuständig erklärten für die religiösen Praktiken und für die Regulierung des Gemeinschaftslebens, konnten sie Machtstrukturen festlegen und sich selbst den Zugang zur Macht sichern.

Frauen wurde dadurch die Basis für ein wirkungsvolles Bemühen um Einfluss und Positionen schon sehr früh entzogen.

Doch gilt das auch noch für unsere heutige Gesellschaft?

Allein in Silicon Valley — Frauen dringen in Berufe vor, die bisher als reine Männerdomäne galten. Sie sind in der Geschäftswelt längst auf allen Ebenen vertreten – allerdings selten dort, wo die echten Spitzenpositionen zu vergeben sind. Mit Carly Fiorina als erster Frau auf dem Chefsessel einer amerikanischen Hochtechnologie-Firma fiel 1999 in den USA auch diese Bastion. Sie sollte das Image von Hewlett-Packard aufpolieren. In Kaliforniens Silicon Valley blieb die neue Chefin aber eine exotische Einzelerscheinung, denn dort hatten bislang ausschließlich Männer hoch dotierte Posten und Aktienoptionen unter sich verteilt.

Sie kennen und sie helfen sich — Netzwerke und Beziehungsgeflechte, von Spitzenkräften der Wirtschaft gepflegt, sind «Tickets zur Macht». So jedenfalls bezeichnet die «Wirtschaftswoche» solche Verbindungen und widmete ihnen 2013 eine sechsteilige Serie. In Elite-Netzwerken werden Entscheidungen in Politik, Wirtschaft und Gesellschaft getroffen, hier kann man (Mann?) sich mit Gleichgesinnten austauschen und in kurzer Zeit so viele wichtige Leute treffen wie sonst nie, die alle für die weitere Karriere nützlich sein können. Das entspricht den Erkenntnissen des Kölner Sozialforschers Erwin Scheuch: Topentscheider schieben sich gegenseitig auf die Karrierebahn, nach dem Motto «Zitierst du mich, zitier ich dich».

Bisher funktioniert dieses System allerdings nur unter Männern.

Aber mir geht's doch gut — Wenn Sie zu den Frauen zählen, die sich gegen alle Widerstände im Wirtschaftsleben etabliert haben, mögen Sie an dieser Stelle sagen, dass Sie das wenig interessiert. Auch Sie verdienen mittlerweile das, was man so anschaulich «dickes Geld» nennt. In der Marketingabteilung Ihrer Firma? Als Abteilungsleiterin? Als Vorstandssekretärin? Warum also sollten Sie jetzt noch klüngeln lernen?

Vielleicht haben Sie noch nie darüber nachgedacht, was wirklich «dickes Geld» ist. Vielleicht wäre es für Sie ein Ansporn zum Klüngeln, wenn Sie sich einen Blick auf die Einkommen erlaubten, die in den Führungszentralen üblich sind. Sie werden dort nicht gleich mit offenen Armen aufgenommen, aber Sie werden vielleicht Ihre Hemmungen verlieren, sich bewusst «verwertbare» Beziehungen zu schaffen, die in die oberen Etagen führen können.

Stellen Sie sich vor, ein Tross wohlgesonnener Frauen hätte Sie in die Vorstandsetage eines Großunternehmens gehievt. Da lenken und leiten Sie nun – und erfreuen sich eines erstaunlichen Einkommens. 2013 bezog ein Dax-Boss im Schnitt 5,2 Mio. Euro brutto – wobei Spitzenreiter wie der VW-Vorstand mit 15 Mio. Euro nicht einmal einbezogen sind. Machen Sie sich keine Gedanken über den Erfolg Ihrer Maßnahmen und Strategien: Die operativen Gewinne der meisten Unternehmen, von denen wir hier sprechen, sind geschrumpft. Das ändert aber nichts an der steigenden Entwicklung der Vergütungen. Selbst Sparkassenchefs verdienen locker eine halbe Million im Jahr. Wofür? Typisch Frau, dass Sie das fragen ... Ich glaube nicht, dass sich männliche Empfänger darüber Kopfzerbrechen machen.

Eine einzige, gewaltige Schiebung? Nein, gewiss nicht. Nur das konzertierte Ziehen an einem Strang. Und Tauziehen ist offenbar Männersport.

Die Herren verweisen übrigens zur Begründung der exorbitanten Höhe von Managergehältern auf ein geradezu herzzerreißendes Argument: Stress und die sprichwörtliche Einsamkeit an der Spitze. Etwas Wahres ist sicherlich daran. Als künftige Topmanagerin müssen auch Sie sich darauf einstellen, dass in luftiger Höhe ein kalter Wind wehen kann. Doch bevor Sie sagen, ein millionenschweres Gehalt könne Ihnen ein geregeltes Familienleben nicht ersetzen, bitten wir Sie, einmal über Ihren derzeitigen Stress nachzudenken. Der dürfte kaum geringer als in der Vorstandsetage sein, weder bei der Krankenschwester noch bei der Chefsekretärin. Zudem sind Sie bei schlechter Geschäftslage von Entlassung oder Gehaltskürzung eher bedroht, was bekanntermaßen nicht gerade einen entspannten Berufsalltag gewährleistet.

Verdienen Sie also wirklich gut genug, um aufs Klüngeln verzichten zu können?

Zwei Welten begegnen sich

Birgit Breuel, Generalkommissarin und Geschäftsführerin der Expo 2000 und frühere Treuhand-Chefin, erzählte in einem Radio-Interview des WDR am 9. August 1999, wie sie seinerzeit ins niedersächsische Kabinett berufen wurde. Ministerpräsident Ernst Albrecht brauchte für sein «Gruppenbild mit Dame» eine Finanzministerin. Birgit Breuel versuchte in dieser Position, speziell Frauen zu fördern, sie mit nach oben zu ziehen. «Aber Männer lassen es nicht zu, sie beißen sie alle mit ihren Netzwerken weg», kommentierte sie. Sie selbst ließ sich jedoch nicht wegbeißen und wurde sogar in verschiedene Aufsichtsräte berufen. Wie unerwartet ihr Erscheinen dort war, zeigte sich an einem heiklen Detail: Es gab nicht einmal einen Sanitärbereich für Damen. Stattdessen hing an einer der Herrentoiletten ein Schild: «Heute für Damen». Zwei Jahre brauchten die Männer, bevor sie sich zum Einbau einer Damentoilette entschlossen; sie konnten offenbar nicht glauben, dass diese einzelne Frau sich über längere Zeit in ihrer Domäne halten würde.

Das Beispiel von Birgit Breuel zeigt damals wie heute, wie hart zwei berufliche Welten aufeinander stoßen können: Die machtvoll-verklüngelte Männerwelt einerseits und die weitgehend unverklüngelte weibliche Berufswelt. Birgit Breuel bemerkte dazu, dass sie im Gegensatz zu Männern «sachorientiert» denke und arbeite, das netzwerkorientierte Denken sei ihr eher fremd. Daraus ergibt sich die Frage: Wie stehen Frauen überhaupt zum Klüngeln?

Wir fragten Frauen aus Wirtschaft, Politik und Kultur. Die Reaktionen waren sehr unterschiedlich. Sie reichten von ängstlicher Vorsicht über verhaltene Skepsis bis hin zur selbstverständlichen Akzeptanz. Die Angst, unsozial zu erscheinen, führte zu einer der häufigsten Fragen: «Klüngeln – ist das nicht irgendwie unfair…? Schließt das nicht Einzelne zu sehr aus?» Eine andere häufige

Reaktion zeigte vorsichtige Distanz: «Ach, wissen Sie, ich habe für so etwas kein Talent. Aber mein Mann kann das fantastisch!» Oft schwang dabei Bewunderung und vielleicht auch ein wenig Neid mit. Wir versuchten, den Befragten eine Brücke zu bauen: Unter *gutem* Klüngel verstehen wir das hilfreiche Netz, mit dem viele vieles erreichen – ohne Hintergehung und Bestechung. An dieser Stelle tauten die Gesprächspartnerinnen geradezu erleichtert auf. «Ach so … *diesen* Klüngel meinen Sie. Und das kann man lernen?!»

Carmen Thomas, Redakteurin und Autorin, befand sich ganz offensichtlich im gleichen Dilemma. Ihre Klüngel-Definition unterscheidet sorgsam zwischen positivem und negativem Klüngel. In der positiven Form bedeutet Klüngeln für sie «Leute kennen, die immer eine/n kennen, die eine/n kennt». Oder auch: «Vitamin B im besten Sinne: etwa auf Empfehlungen von Menschen hören, deren Urteil ich schätze.»

Aber sie sieht auch die negativen Seiten:

«Schein-Entscheidungen, die getroffen werden, obwohl alles längst feststeht, oder Allianzen, die geschmiedet werden, um Beschlüsse oder Personen mit verdeckten Methoden zu kippen.»

Die Landwirtin, mit der wir eher zufällig auf das Thema kamen, kannte solche Skrupel nicht. In ihrem Dorf, erklärte sie uns, werde seit eh und je geklüngelt. Das sei selbstverständlich. Selbstverständlich – und zum Vorteil aller, wobei sie die Bewohner ihres Dorfes meinte. «Nur die Eingemeindung haben wir dennoch nicht verhindern können», sagte sie bedauernd. «Aber wir haben es hingekriegt, dass eine von uns Bürgermeisterin geworden ist. Da war auch ein bisschen Klüngeln dabei …» Die Bürgermeisterin ist ihre Tochter.

Natürlich wollen Frauen klüngeln... Frauen machen derzeit einen Bewusstseinswandel durch, der sie wegführt aus dem beruflichen Einzelkämpfertum hin zu Netzwerken und Bündnissen. Sie haben sich im Laufe der letzten Jahrzehnte nicht nur ein soziales, sondern auch ein wirtschaftliches und kulturelles Selbstbewusstsein geschaffen. Sie wollen nicht mehr am Rande des Wirtschaftsfeldes stehen, sondern im Zentrum des Geschehens. Ohne die Unterstützung anderer, ohne eigenes Netzwerk – oder eben: ohne Klüngeln ist dieses Ziel nicht zu verwirklichen.

Das erkennen auch diejenigen Frauen, die immer noch mit Zweifeln und Bedenken in unsere Klüngelworkshops kommen. Die Hemmung, zum eigenen Vorteil geschickt zu taktieren, lastet auf ihnen wie ein Bremsklotz. Doch bereits nach wenigen Stunden intensiver Arbeit miteinander öffnen sie sich und beginnen, untereinander Kontakte herzustellen.

... aber nicht immer und überall — Klüngeln ist ein wichtiger Teil des Lebens. Das bedeutet aber nicht, dass künftig Ihr ganzes Leben vom Klüngelgedanken geprägt sein soll, dass Sie all Ihre Beziehungen, Freundschaften und Verbindungen ausschließlich unter dem Aspekt der

«Klüngelverwertbarkeit» sehen. Wenn Sie ein Kochbuch für die chinesische Küche kaufen, wollen Sie lernen, wie man chinesisch kocht. Es bedeutet absolut nicht, dass Sie künftig nur noch chinesische Gerichte essen müssen. Aber Sie beherrschen immerhin die Kunst, sie zuzubereiten.

Ebenso ist es beim Klüngeln: Wenn Sie die Kunst beherrschen, bleibt es Ihnen immer noch überlassen zu entscheiden, wann und wo Sie sie anwenden.

DIE KUNST DES KLÜNGELNS

Erwarte, dass jedes deiner Bedürfnisse erfüllt wird, erwarte die Antwort auf jedes deiner Probleme, erwarte Überfluss auf jeder Ebene.

(Eileen Caddy)

Die Kunst des Klüngelns ist Ihnen mit einiger Wahrscheinlichkeit nicht ganz unbekannt. Frauen wird nachgesagt, dass sie es seien, die die familiären Beziehungsnetze knüpfen und pflegen. Ebenso gut könnten wir sagen, Frauen klüngeln in ihren Familien. Die Sache hat nur einen Haken: Funktionierende Großfamilien mit einem regelmäßig tagenden Familienrat und vielen hilfreichen Onkeln und Tanten und Vettern und Cousinen sind selten geworden, das familiäre Klüngelpotenzial schrumpft. Also müssen wir uns mit unseren Fähigkeiten nach außen wenden.

Schrittweise in die Kunst des Klüngelns — Klüngeln lässt sich am besten schrittweise erlernen. Zum besseren Verständnis hier eine kurze Erläuterung der einzelnen Schritte.

- Anhand von drei Beispielen, die wir an den Anfang stellen, zeigen sich die klassischen Inhalte und Strukturen des Klüngelns.

- Zum Klüngeln brauchen Sie Ziele. Deshalb ist es wichtig, Ideen und Visionen in praktisch verwertbare Formulierungen umzusetzen. Wie das geht, zeigen wir Ihnen im Kapitel «Die Klünglerin braucht Ziele».
- Fällt Ihnen das Klüngeln leicht oder schwer? Ein kurzer Einblick in Ihren persönlichen Klüngel-Hintergrund zeigt Ihnen die Gründe dafür.
- Zum Klüngeln gehört eine bestimmte Lebenseinstellung, die Sie im Kapitel «Die Philosophie der Klünglerin» kennen lernen, in dem wir Ihnen auch zeigen, wie Sie sich für das Klüngeln fit machen können. Eine positive Sicht des Lebens gehört ebenso dazu wie die Neugier auf andere und sich selbst. Sie entdecken das Klüngelpotenzial, die Klüngelkultur des Gebens und Nehmens und lernen, Kontakte zu knüpfen.
- Wenn Sie hier angekommen sind, fehlen Ihnen nur noch Klüngelnetze. Sie haben bestimmt schon einige. In diesem Kapitel durchforsten Sie Ihre bestehenden Kontakte und Beziehungen, fügen neue hinzu und lernen, sie gezielt einzusetzen.

DREI KLÜNGELVARIANTEN

Stellen Sie sich vor, Sie wollen Klavierspielen lernen.

Ihr Wunsch ist entstanden, nachdem Sie ein paar Klavierstücke gehört haben, von denen Sie begeistert sind; so etwas möchten Sie auch spielen können.

Wir spielen Ihnen jetzt drei Stücke vor. Das heißt: Wir

zeigen Ihnen zum Verständnis dafür, wie Klüngeln ablaufen kann, drei Beispiele aus verschiedenen Bereichen:

- Klüngeln im Job
- Klüngeln um einen Gegenstand
- Klüngeln als Marketingstrategie

Zunächst klimpern wir nur ein bisschen. Die Noten zum Nachspielen erhalten Sie in den folgenden Kapiteln.

Klüngeln im Job

{ Eine neue Personalchefin kommt ins Versicherungsunternehmen. Keiner kennt sie, alle sind neugierig, auch die Abteilungsleiterin, die mit der «Neuen» gelegentlich zu tun haben wird. Auf einem mehrtägigen Seminar für leitende Angestellte in einem Hotel in Bayern trifft man sich kurze Zeit später. Der erste Tag verläuft mäßig interessant, spannender wird die private Unterhaltung am Abend. Neugierig setzt sich die Abteilungsleiterin mit ihrem Weinglas zur Personalchefin. Sie leitet das Gespräch ein: Wie sie diese Veranstaltung denn so erlebe? Ob es ihr gefalle, ob alles ihren Erwartungen entspreche? Nein, tut es nicht. Das falsche Thema zur falschen Zeit am falschen Ort. Das finden beide, und sie entdecken in einem langen Gespräch eine Gemeinsamkeit: ihre Lust am Querdenken. Es müsste sich doch Bewegung in das Seminar bringen lassen.

Wochen später: Die Sekretärin der Abteilungsleiterin – Typ «Perle mit Herz und Schnauze» – kündigt plötzlich und unverhofft. Sie heiratet, ein reicher Diskothekenbesitzer aus Ibiza will ihr die Insel zu Füßen legen. Angesichts einer solch sonnigen Zukunft lässt sie sich auch gleich die Anteile aus der Altersversorgungskasse auszahlen. Elf Monate später steht sie wieder vor der Abteilungsleiterin: Mann weg, Geld auch und Nachwuchs bei der Oma. Ob sie denn nicht wieder ...? Die Abteilungsleiterin will unbedingt helfen, weil sie ihre frühere Sekretärin schätzt. Aber das ist eigentlich unmöglich. Die Firma hat einen Einstellungsstopp verhängt, keine Neuanstellungen mehr in diesem Jahr. Die Abteilungsleiterin ruft die Leiterin der Personalabteilung an, setzt sich für ihre Sekretärin ein, begründet, was eigentlich nicht zu begründen ist. Man erinnert sich der gemeinsamen Freude am Querdenken und trifft sich nach Feierabend, um alles in Ruhe zu besprechen. Das Ende vom Lied: Die Sekretärin wird wieder eingestellt.

Etwa ein Jahr später: Die Personalchefin soll in der Firmenhierarchie aufsteigen. Das geht nur über eine vorübergehende leitende Tätigkeit im Außendienst. Dort muss die studierte Juristin eine Zeit lang für Umsatz sorgen. Allerdings fehlt ihr dafür das nötige Fachwissen. Das hat wiederum die Abteilungsleiterin. Die Frauen setzen sich zusammen, erläutern, erklären. Häufig auch abends, außerhalb der Firma. Nicht nur die Auswertungen von Monatsstatistiken und Vorjahresergebnissen werden besprochen, vor allem heiklere Punkte stehen an: Wo bei einzelnen Kollegen die Empfindlichkeiten liegen, wer zu fürchten und wem zu vertrauen ist. Die Personalchefin wird mit diesem Wissen geschickter taktieren und die ersten Fettnäpfchen umgehen können.

Diese Geschichte, die uns die Abteilungsleiterin auf einer Tagung anvertraute, erfüllt alle Kriterien eines *guten Klüngels.*

Wir wollen sie hier in ihre verschiedenen Phasen zerlegen:

Das persönliche Gespräch suchen — Ein klassischer Einstieg für eine spätere Klüngelbeziehung ist das persönliche

Gespräch, das nach dem offiziellen Teil einer Veranstaltung von beiden gesucht wird. Bei einem Glas Wein oder einer Tasse Kaffee lässt es sich leichter reden, auch über private Dinge. Die potentiellen Klüngelpartnerinnen lernen sich darüber näher kennen.

Neugierig sein und Interesse zeigen — Die eigene Neugier auf die andere – «Wie ist sie? Was denkt sie?» – motiviert und macht Mut, auch persönlichere Fragen zu stellen. Neugier und das Interesse an anderen sind wichtige Eigenschaften der Klünglerin.

Gemeinsamkeiten finden — Gemeinsame Ziele, gemeinsames Empfinden, gemeinsame Freude oder auch gemeinsame Ablehnung schaffen eine Verbundenheit, die für erfolgreiches Klüngeln notwendig ist. Unser Beispiel zeigt, wie sich bei einem «feierabendlichen» Gespräch in fast privater Atmosphäre leicht Gemeinsamkeiten feststellen lassen: die gleiche Meinung über das Seminar, der Spaß an der Entwicklung gemeinsamer Ideen.

Das ist die bewusst oder unbewusst hergestellte Beziehungsbasis, auf der später geklüngelt werden kann. Diese beruflich-freundschaftliche Beziehung wird weiter gepflegt, damit sie tragfähig bleibt. Die beruflichen Kontakte werden durch gelegentliche außerberufliche Treffen ergänzt. Bei einem Spaziergang, bei einer Tasse Kaffee wird der Gedankenaustausch fortgesetzt, lassen sich im Vorfeld gemeinsame Vorgehensweisen abklären. Der Nährboden fürs Klüngeln muss gut und regelmäßig gedüngt werden.

Dann tritt die konkrete Klüngelsituation ein:

Geben ... Die Abteilungsleiterin braucht jetzt Hilfe, in unserem Beispiel nicht nur für sich persönlich, sondern in erster Linie für ihre frühere Mitarbeiterin, der sie einen Wiedereinstieg in die Firma ermöglichen will. Sie bittet die Personalchefin um Unterstützung, zusammen mit ihr den Weg zu ebnen. Die Personalchefin gewährt ihr die Unterstützung.

...und Nehmen — Weil Klüngeln für beide Seiten Geben und Nehmen bedeutet, kann die Personalchefin selbstverständlich auf ihre Klüngelpartnerin in dem Moment zurückgreifen, in dem sie selbst Unterstützung braucht. Sie macht vom Fachwissen und den betriebsinternen Kenntnissen der Kollegin Gebrauch. Sie erhält ebenso Hilfe, wie sie umgekehrt als Personalchefin Hilfe gewährt hat.

Zum Vorteil beider... Beide haben sich aus ihren jeweiligen Positionen heraus gegenseitig unterstützt und gefördert, und zwar mit dem ihnen zur Verfügung stehenden Klüngelpotenzial (einschlägiges Wissen, Beziehungen und damit effektive Handlungsmöglichkeiten).

...und anderer — Das Beispiel beschreibt den idealen «Vorzeige-Klüngel», bei dem nicht nur die agierenden Personen profitieren, sondern auch andere: die wieder eingestellte Sekretärin und letztlich auch die Firma. Sie kann sich gratulieren zu der gut vorbereiteten neuen Leiterin im Außendienst.

Klüngeln um einen Gegenstand

{ Ich suchte einen Laptop zum Arbeiten für unterwegs. Ich brauchte das Ding zwar, wollte aber nicht viel Geld dafür ausgeben. Ich erzählte es allen Freundinnen und Freunden und auch entfernteren Bekannten, und nach zwei bis drei Wochen war es so weit: Torsten, der Freund einer Freundin, meldete sich. Er besaß einen relativ neuen Laptop, den er nicht mehr brauchte, weil ihm seine Firma ein brandneues Modell gekauft hatte. Den könne ich geschenkt haben, gebraucht seien die Dinger ja fast nichts mehr wert. Ich war glücklich, nahm den Laptop dankend an und überlegte, wie ich einen Ausgleich schaffen könnte. Das war nicht schwer, denn ich wusste, dass Torsten ein Kunstfan ist, der allerdings sehr auf den Geldbeutel achtet. Meine Freundin ist Malerin, bei ihr wählte ich zwei kleine Zeichnungen aus, von denen er sich eine auf meine Kosten als Dankeschön aussuchen sollte. Ich achtete darauf, dass die Motive gut zusammenpassten, und hatte damit Erfolg: Torsten freute sich riesig über die geschenkte Zeichnung – und kaufte zur Freude meiner Freundin gleich die passende zweite dazu.

Meine Freundin revanchierte sich mit einem Abendessen in meinem Lieblingsrestaurant. Das wiederum hat mich sehr gefreut. Dafür vermittele ich sie gern noch einmal.

Ausgangssituation dieses Beispiels ist im Gegensatz zur ersten Geschichte nicht die persönliche Kontaktsuche ohne vorherbestimmtes Ziel. Hier peilt die Klünglerin von vornherein ein konkretes Ziel an. Um es zu erreichen, nutzt sie das bereits bestehende Beziehungsnetz zu Freundinnen und Bekannten. Im ersten Schritt muss sie also:

Das Klüngelziel bekannt machen — Die Klünglerin streut ihren Wunsch, ihr Klüngelziel, bewusst in ihrem Bekanntenkreis: Sie erzählt so lange davon, bis es bei einer Person auf fruchtbaren Boden fällt und sie eine positive Rückmeldung erhält (hier das Angebot für einen Laptop).

Jetzt beginnt der eigentliche Klüngel. Da der Laptop erklüngelt, also nicht gekauft wurde, muss sich die Klünglerin etwas einfallen lassen, sie muss für eine entsprechende Gegenleistung sorgen. Ein einfaches Dankeschön und ein Händedruck wären in diesem Fall zu wenig gewesen, denn es ging immerhin um eine relativ wertvolle Sache. Die Klüngelregel «Ich gebe dir und du gibst mir» wird hier also umgesetzt.

Die privaten Interessen kennen — Um die richtigen Ideen für einen Ausgleich zu finden, ist es wichtig, nicht nur Berufliches über die Klüngelpartnerinnen zu wissen, sondern auch deren private Interessen und Vorlieben zu kennen. Treffen Sie mit Ihrer Gegenleistung auf einen lang gehegten Wunsch oder ein geliebtes Hobby, erreichen Sie nicht nur einen Überraschungseffekt, sondern bleiben auch noch in bester Erinnerung.

Zum Vorteil aller — Je mehr Personen am Klüngel beteiligt sind, desto kreativer und komplexer kann das Ergebnis ausfallen. Für alle Beteiligten, also auch für die dritte, vierte oder fünfte Mitspielerin, gilt der Grundsatz: «Alle müssen etwas davon haben.» In diesem Beispiel wird bewusst die beste Freundin als dritte Person einbezogen. Sie verkauft durch diese Klüngelei immerhin zwei Bilder.

Sich revanchieren — Die Malerin wiederum verkaufte nicht nur zwei Zeichnungen, sondern revanchierte sich mit einem Abendessen. Außer dem Bildverkauf hat sie einen weiteren Vorteil aus dem Klüngel gezogen: Sie wird den neu gewonnenen Käufer ihrer Kunst samt seinen Freunden zur nächsten Vernissage einladen und damit neue Kontakte auf ihrer Kundenliste verbuchen.

Die Richtung bestimmen — Zum Ausgleich für den Laptop hätte ich Torsten auch eine Coaching-Beratung anbieten und damit den Klüngel in meinen eigenen beruflichen Bereich lenken können. Torsten arbeitet im mittleren Management und hätte mich nach den Coaching-Sitzungen sicherlich bei seinen Kolleginnen und Kollegen weiterempfohlen. Auf diese Weise hätte ich vermutlich neue Aufträge durch ihn erhalten. Dann hätte ich ihm möglicherweise irgendwann ein Abendessen spendiert oder einen Ausflug zur Kunstausstellung des Gasometers in Oberhausen. Ich kenne eine Reiseveranstalterin, die solche Events arrangiert. Wenn ich ihr noch mehr Teilnehmer bringe, fahre ich am Ende selbst für die Hälfte mit. Ein perfektes Klüngelergebnis! Das zeigt, dass Sie selbst entscheiden können, in welche Richtung – oder zu wessen Gunsten – Sie den Klüngel lenken wollen.

Klüngeln als Marketingstrategie

{ Dana ist Goldschmiedemeisterin und seit ein paar Monaten selbständig. Sie arbeitet in einem kleinen Atelier am Rande der Stadt, weil die City-Lage unbezahlbar ist. Das Atelier hat sie vom Bruder ihrer Freundin übernommen, der dort früher ein Lager für Autozubehör hatte. Dana hat ein wunderschönes Schild an die Tür gehängt, aber das allein zieht nicht viele Kunden an. Sie hat lange überlegt. Dann ist sie Mitglied einer örtlichen Bürgerinitiative geworden und überdies in den hiesigen Sportverein eingetreten. In der Bürgerinitiative protestieren engagierte Bürger und Bürgerinnen – durchweg nicht unvermögend – gegen den Ausbau einer Mülldeponie. Auch Dana wehrt sich heftig gegen die ihrer Meinung nach unsinnige Müllanlage, sodass es ihr nicht schwer fiel, dort einzutreten. Beim ersten Treffen der Gruppe hat sie sich vorgestellt und gesagt, dass sie ein Ziel habe, nämlich «den Glanz von edlen Steinen und Metallen in den Ort bringen zu wollen – statt des Gestanks von Müll und Dreck». Danach ist sie von den anwesenden Frauen nach der Adresse ihres Ateliers gefragt worden. Der Vorsitzende meinte, ihr käme doch sicher die Idee für ein schöneres Logo auf den Info-Blättern der Initiative. Sie denkt darüber nach. Vielleicht lässt sich so etwas auch als Anstecknadel arbeiten.

Im Sportverein – einmal wöchentlich Badminton und Yoga – hat sie mittlerweile viele freundschaftliche Kontakte geknüpft. Man kennt sie, sie hat einmal Visitenkarten des Ateliers mitgenommen, und jetzt liegen sie dort aus. Fast alle Frauen zeigen sich sehr interessiert. Im Verein hat sie auch eine Malerin getroffen, mit der sie die Idee ausgeheckt hat, kleine Zeichnungen in Schmuck umzusetzen. Die beiden hatten sich nach einem Badminton-Match zusammengesetzt und Apfelschorle getrunken. Demnächst werden sie zusammen eine Ausstellung machen – Bilder und Schmuck in den Geschäftsräumen der hiesigen Partei, deren Ortsvorsitzende ebenfalls Badminton spielt. Diese hat einmal angefragt bei einer Kollegin in Berlin, wegen einer Ausstellung im Ministerium. Mal sehen, was daraus wird.

Ohne diese Kontakte hätte Dana in ihrem Atelier wahrscheinlich nur sehr wenig Kundschaft.

In diesem Beispiel klüngelt sich eine Kleinunternehmerin in einen Ort ein. Die Goldschmiedin ist dort unbekannt, und ein Schild an der Tür bringt noch nicht die gewünschte Kundschaft. Also muss sie aktiv auf ihre Kundinnen zugehen. Wo findet sie sie? Wo treffen sich die Frauen, die ihren Schmuck kaufen sollen?

Der Verein – das außerfamiliäre Netz — Die Schmuckdesignerin erkennt, dass sie in den ortsansässigen Vereinen ihre Zielgruppen findet. Sie steigt gezielt in zwei Vereine ein und engagiert sich mit ihrem Angebot, dem «Ort zu Glanz zu verhelfen» – auch wenn dieser Glanz zunächst einmal nur die Vereinsfrauen ziert.

Aufbau von Kontakten — Ihre sportlichen und politischen Aktivitäten im Verein verbindet sie gezielt mit dem Aufbau von freundschaftlichen Kontakten. Die pflegt sie vor allem vor oder nach den Aktivitäten und wahrscheinlich auch durch weitere Treffen.

Eigenpräsentation — Da Privates und Berufliches im Verein zusammentreffen sollen, präsentiert sie sich gezielt mit ihren Arbeiten und ihrem Prospektmaterial. Damit wird ihr Angebot für die anderen sichtbar. Sie können sich etwas darunter vorstellen und sich darauf einlassen.

Vereinsinteressen und Eigeninteressen — Die Goldschmiedin und Designerin greift eine Idee auf, die schon länger im Verein Thema ist – die Suche nach einem Logo –, und verknüpft sie mit ihren Möglichkeiten. Sie bietet eine neue Idee an, eine Anstecknadel. Damit signalisiert sie, dass sie die Vereinsinteressen ernst nimmt, das Logo-Thema zu dem ihren macht und dass sie sich durch ihr Engagement stärker in den Verein einbinden möchte.

Zu zweit das Mehrfache — Sie sieht und nutzt die Möglichkeiten, die ihr andere Mitglieder des Vereins durch Beruf oder Verbindungen bieten können. Mit der Kunstkollegin schließt sie sich zu einer gemeinsamen Ausstellung zusammen. Sie betrachtet die Kollegin nicht als

Konkurrentin, die ihr potentielle Kundinnen wegschnappen könnte, sondern als interessante Ergänzung und als Möglichkeit zur Erweiterung ihres Kundinnenstamms: Zwei Ausstellerinnen bringen ein Mehrfaches an Einladungen und damit voraussichtlich ein Mehrfaches an Besucherinnen. Hier zeigt sich ein wesentlicher Aspekt des Klüngelns: Weg vom neidvollen Konkurrenzdenken und hin zur positiven Wirkung des Synergie-Effekts. Was bei großen Firmen Nutzen bringt, funktioniert auch im Kleinen.

Beziehungen durch den Verein — Überdies nutzt die Goldschmiedin das Angebot einer anderen Vereinsfrau, die durch ihre politische Funktion Parteiräume für eine gemeinsame Ausstellung zur Verfügung stellen kann. Der Partei wiederum hebt eine Kunstausstellung das Image und senkt die Hemmschwelle potentieller Interessentinnen, ein Parteibüro zu betreten.

Alle profitieren — Das kennen wir jetzt schon: Auch hier ziehen wieder alle Beteiligten einen Vorteil aus dem Klüngel.

Erinnern Sie sich noch daran, wie wir Ihnen diese drei Beispiele vorgestellt haben? Sie wollten Klavierspielen lernen und erst einmal ein bisschen herumklimpern. An drei Stücken haben Sie sich schon versucht: Klüngeln auf beruflicher, privater und geschäftlicher Ebene. Sie haben gelesen, wie sich das anhören kann.

Was Sie für den Klüngel unbedingt benötigen:

Ziele — Ohne konkrete Ziele können Sie nicht klüngeln. Sie müssen schon etwas vorhaben, planen, Sie müssen etwas bewegen, in Gang setzen wollen, genau wie in unseren drei Beispielen: Ziele waren hier die Wiedereinstellung einer früheren Mitarbeiterin, die interne Wissensvermittlung, der Laptop und der neue Kundinnenkreis.

Klüngelpotenzial — Unter Klüngelpotenzial verstehen wir einerseits Ihre eigenen Kompetenzen und Verbindungen, andererseits die Kompetenzen und Verbindungen anderer Menschen. Die Potenziale können sich entweder ergänzen (Beispiel 1), sie können den jeweiligen Interessen entgegenkommen (Beispiel 2) oder gegenseitig einen Anreiz ausüben (Beispiel 3).

In unseren drei Beispielen zeigt sich Klüngelpotenzial in sehr unterschiedlicher Form: Das Wissen und die Entscheidungskompetenz der Personalchefin, der Besitz eines Laptops bzw. von Bildern oder das weit gestreute, bunt gefächerte Potenzial der Mitglieder eines Vereins oder einer Gruppe.

Umgekehrt müssen Sie Ihr eigenes Klüngelpotenzial kennen. Es ist der Teil Ihrer Kompetenzen, auf den andere zurückgreifen können, ja sogar zurückgreifen dürfen!

Die Abteilungsleiterin konnte ihr Fach- und Insiderwissen zur Verfügung stellen, die Laptop-Empfängerin die Kunstwerke der Freundin oder wahlweise Coachingstunden. Das Klüngelpotenzial der Goldschmiedin bestand aus ihrer beruflichen Kreativität, das der Politikerin wiederum aus ihren Beziehungen, die Ausstellungen möglich zu machen.

Vier Leitsätze — Ziele auf dem Weg des Klüngelns umzusetzen heißt demnach, Kontaktpersonen mit Klüngelpotenzial zu suchen und das eigene Potenzial zur Verfügung zu stellen.

Die Kunst des Klüngelns liegt auf der zwischenmenschlichen Ebene. Sie wird meisterlich von jenen beherrscht, die für sich eine Lebenseinstellung entwickelt haben, in der gegenseitige Förderung und Akzeptanz selbstverständlich sind. Sie folgen diesen Leitsätzen:

- Wir brauchen einander.
- Wir schätzen unsere jeweiligen Kompetenzen.
- Wir vertrauen uns.
- Wir pflegen unsere Kontakte.

DIE KLÜNGLERIN BRAUCHT ZIELE

> *«Würdest du mir bitte sagen, wie ich von hier aus weitergehen soll?»*
> *«Das hängt zum größten Teil davon ab, wohin du möchtest»,*
> *sagte die Katze.*
> *«Ach, wohin ist mir eigentlich gleich …», sagte Alice*
> *«Dann ist es auch egal, wo du hingehst …»*
>
> (Lewis Carroll, *Alice im Wunderland*)

Die Klünglerin braucht also konkrete Ziele, sie will ankommen. Nicht irgendwo, sondern an eben jenem Ort, den sie sich ausgesucht hat. Sie will den Erfolg, den sie ohne Ziel nicht erreicht.

Karriereplanung kann nur auf diese Weise funktionieren. Sonst trudeln Sie wie ein Schiff ohne Steuerfrau durch die Wellen, legen an, wenn jemand winkt, und schaukeln planlos von Welle zu Welle. Ohne Ziel können Sie niemals wirklich ankommen, weil Sie niemals wissen, ob Sie nicht vielleicht schon da sind.

Das Ziel ist sozusagen der Punkt eines Satzes: Ohne

Punkt endet dieser Satz nie. Das Gefühl, etwas erreicht zu haben, erleben Sie nicht. Und auch nicht das Gefühl, sich und Ihren Klüngelpartnerinnen auf die Schultern klopfen zu können, weil Ihr geplanter Erfolg sich einstellt und Sie sich mit anderen darüber freuen können.

Ziele sichtbar machen — Bestimmen Sie Ihren Erfolg, indem Sie Ihre Ziele formulieren. Je konkreter Sie diese festlegen, desto gezielter können Sie klüngeln. Hier ein paar ganz alltägliche Beispiele für sehr unpräzise Ziele:

- «Ich suche eine kreative Arbeit.»
- «Ich möchte irgendwas mit anderen zusammen machen.»
- «Ich will mehr Gewinn erzielen.»
- «Ich will berühmt werden.»

Solche Antworten hören wir oft, wenn wir Frauen nach ihren Vorstellungen befragen. Mit etwas Fantasie und viel gutem Willen können wir vielleicht ahnen, was mit diesen allumfassenden Wünschen gemeint ist, dennoch bildet sich kein klares Bild in unseren Köpfen, weil es hier nicht um Ziele, sondern um Träume oder Visionen geht. Zum Klüngeln eignen sie sich kaum, weil sie keine konkreten Anhaltspunkte liefern. Wer soll etwa der Frau, die «eine kreative Arbeit» sucht, einen Tipp geben? Will sie töpfern, malen, Wohnungen gestalten oder Verkaufskonzepte entwerfen? Ist ihr Ziel ein eigenes Atelier, eine Werkstatt oder ein Konzeptionsbüro?

Womit will etwa die Geschäftsfrau mehr Umsatz machen? Will sie ihr Angebot erweitern, will sie den Laden abends länger offen halten oder will sie eine Filiale gründen?

Die Klünglerin darf – nein, sie soll sogar – Visionen haben, aber wenn es an die Umsetzung geht, muss sie die

Visionen in sichtbaren Einheiten formulieren. Notfalls muss sie Zwischenziele einbauen, die sie schrittweise erreichen kann.

Machen wir uns das einmal klar an dem Satz: «Ich will berühmt werden!» Die Klünglerin, die davon träumt, ist klug genug, zuerst einmal ihre Talente zu analysieren. Wir nehmen zu ihren Gunsten an, dass sie ihre Berühmtheit nicht auf einem spektakulären Wirtschaftsvergehen oder gar einem Giftmord gründen möchte.

Die **erste Frage**, die die Klünglerin an sich selbst stellt, lautet:

Womit will ich berühmt werden? Auf welchem Gebiet? Was kann ich? – Sie hält sich für vielseitig begabt, sie hat schauspielerisches Talent, sie ist die geborene Komikerin. Sie hat eine Schauspielausbildung und eine gute Stimme. Sie hat bereits einige kleinere Engagements hinter sich. Sie will Kabarettistin werden und mit eigenen Texten und Liedern auftreten.

Die **zweite Frage** muss lauten:

Was will ich genau erreichen? Sie formuliert für sich einen griffigen Zielsatz: «Helga Schräg: Gewinnerin des Deutschen Kleinkunstpreises». Das Ziel soll in fünf Jahren erreicht sein.

Die **dritte Frage**, die sie sich stellt, heißt:

Wo will ich künftig auftreten? Im Rundfunk, im Fernsehen, auf der Kleinbühne, in Kabaretts? In München, in Zürich? – Sie definiert für sich: Sie sucht zunächst Auftrittsmöglichkeiten in Kleinbühnen, Kabaretts und auf Festveranstaltungen, später dann auch in Rundfunk und Fernsehen.

Diese Teilziele – jetzt «sichtbar» auch für andere – wird sie vorläufig noch einmal in überschaubare Einheiten auf die allernächste Zukunft ausrichten müssen. Sie könnten lauten:

- Ich brauche eine erstklassige Videoaufzeichnung meines Programms, dafür suche ich ein preiswertes, gutes Aufnahmestudio.
- Ich suche Kontakte zu Kleinbühnen / Kulturzentren / Kabarettbühnen in X und in Y, wo ich mein Programm aufführen kann.
- Ich suche Kontakte zu Rundfunk- und Fernsehjournalistinnen, die mein Programm aufzeichnen.
- Ich suche Kontakte zur örtlichen Tagespresse, die über mein Programm berichten soll.
- Ich suche Kontakte zu Kolleginnen und Kollegen, um mit ihnen Erfahrungen auszutauschen.

Wir wollen uns nichts vormachen: Das alles lässt sich leichter formulieren als verwirklichen. Aber erst wenn solch klar definierte Ziele ausgesprochen sind, wird deutlich, wen wir als Klüngelpartnerinnen brauchen. Erst dann können wir uns daranmachen, sie Schritt für Schritt zu finden – über Umwege vielleicht, über einige Querverbindungen, über den ganzen verschlungenen Klüngelweg. Schütteln Sie jetzt nicht verzweifelt den Kopf: Sie haben mehr Verbindungen, als Sie denken. Wenn Sie sehr neugierig sind, schauen Sie ruhig schon einmal in das Kapitel «Klüngelnetze knüpfen».

Ziele für Selbständige

Sie hätten sich nicht selbständig gemacht, wenn Sie keine Ziele hätten. Ganz gleich, ob Sie einen Zeitungskiosk betreiben, eine Versicherungsagentur, einen Schönheitssalon oder eine Immobilienagentur: Sie wollen Ihren Umsatz steigern, höhere Gewinnmargen erzielen, Sie denken an eine erweiterte Produktpalette, eine neue Abnehmergruppe, einen neuen Standort, eine Filiale in New York oder in Castrop-Rauxel. Das alles sind schon recht handfeste «Visionen» – aber als Ziel immer noch zu unklar definiert, denn noch lässt sich nicht erkennen, welche Personen als Klüngelpartnerinnen in Frage kommen könnten. Wollen Sie «mehr Umsatz», sollten Sie sich beispielsweise fragen:

1. Womit genau wollen Sie mehr Umsatz machen, mit welchen Produkten und Dienstleistungen?
2. Wer sind mögliche Abnehmerinnen oder Kundinnen, die das Produkt oder die Dienstleistung kaufen?
3. Wo finden Sie Ihre Kundschaft?
4. Wie erreichen Sie sie – oder über wen?

Mit den ersten beiden Fragen haben wir das große Ziel «mehr Umsatz» bereits präzisiert auf eine Aussage darüber, woher das Umsatzplus kommen soll. Wenn Sie sich darüber klar sind, was Sie wem anbieten oder verkaufen wollen, zeigt sie sich plötzlich am Horizont, Ihre neue Kundschaft. Es könnten etwa Kunden und Kundinnen mit einem speziellen Beratungsbedarf (Vermögensanlage, Lebensversicherungen, Konflikttherapie, Coaching im Beruf) sein oder Frauen und Männer mit einem besonderen Image-Bedürfnis, speziellen Ansprüchen an Mode, Design, Ausstattung. Vielleicht auch Menschen aus Szene-

Bereichen, die so genannten «Reichen und die Schönen», Trendsetter, Konservative oder Alternative?

Die dritte und die vierte Frage eröffnen dann Klüngelmöglichkeiten: Wo muss ich meine Kontakte suchen? Wo finde ich Menschen – in welchen Vereinen, Clubs, Szene-Gruppierungen, Instituten, Firmen, Organisationen –, die mir helfen, meinen Kundinnenstamm zu erweitern oder die selbst Kundinnen werden? Hier kristallisiert sich heraus, welche Person, welche Institution oder welches Unternehmen sich für Sie als Klüngelpartner eignen könnte.

Nehmen wir an, Sie betreiben einen **Kosmetiksalon**. Ihre Vision ist: Die Schönen und Reichen dieser Stadt kommen zu Ihnen, und zwar als Stammkundinnen. Für Frauen, die auf ihr Äußeres achten und auf deren Äußeres man besonders achtet, soll der Besuch in Ihrem Salon ein absolutes Muss sein. Nur – Sie kennen bisher zu wenige solcher Frauen. Als Schönheitssalon-Inhaberin können Sie sich nun folgendes Ziel setzen:

Ich suche Kontakte zu ortsansässigen Frauen, die sich in einem größeren gesellschaftlichen Kreis bewegen, viele andere Frauen kennen und mit diesen einen regen Austausch pflegen. Frauen also, die auf ihr Äußeres achten und sich etwas Luxus gönnen, dies auch gerne zeigen. Ihr Ziel könnten Sie dann wie folgt zerlegen:

Ich suche Kontakt zu

- Geschäftsfrauen aus der Modebranche
- den Frauen aus dem Golfclub
- Politikerinnen aus allen Parteien der Stadt / des Kreises
- der Clique um Frau X
- der Tanzschule «Hot Shoes».

Jetzt, da Ihre Ziele so konkret geworden sind, können Sie weiter überlegen:

Auf welche Veranstaltungen müssen Sie gehen, um die Klüngelpartnerinnen zu finden, die Sie benötigen? Wen kennen Sie bereits aus der Clique um Frau X, aus dem Golfclub? Oder wen kennen Sie, der jemanden kennt, der in die Tanzschule geht? Wer kann Sie mit wem bekannt machen? Wer kann Sie in welche Gruppe einführen? Wer kann Sie in welchen Kreisen empfehlen?

Und weil Klüngeln keine einseitige Sache sein darf, denken Sie ruhig auch schon einmal darüber nach, was Sie selbst als aktiven Anreiz für eine Zusammenarbeit bieten könnten: Vielleicht eine kostenlose Behandlung für die Bekannte, die fünf Freundinnen in Ihren Salon gebracht hat? Oder kostenloses Gesichtsschminken auf der Kindergeburtstagsfeier beim Golfclub-Präsidenten, dessen Frau Sie im ganzen Club weiterempfiehlt? Über diese wichtigen Fragen sprechen wir in den späteren Kapiteln noch ausführlicher.

Hier noch ein ganz anderes Beispiel: Sie sind **EDV-Spezialistin**. Sie bieten Beratung und Installation von Hardware an. Dieses Angebot richtet sich zwar theoretisch an alle, Ihre Vision mag auch darauf hinauslaufen, das ganze Umland mit Ihren Produkten zu versorgen und im Jahr 10 Millionen Euro Umsatz zu machen – doch nur wenn Sie zunächst bestimmte Zielgruppen anvisieren, kommen Sie Ihrem Ziel einen Schritt näher.

Ihre Ziele könnten lauten:

- Ich suche Existenzgründerinnen
- Ich suche Unternehmensberatungsfirmen zur Kooperation

- Ich suche EDV-Schulungs-Institute
- Ich suche Kontakte zur Firma XY.

Nachdem Sie Ihr Pauschalziel auf die Ansprechmöglichkeiten konkreter Zielgruppen reduziert haben, können Sie sich aktiv Klüngelpartnerinnen suchen, denn zu jeder Zielgruppe gibt es irgendwo eine Verbindungsfrau oder einen Verbindungsmann.

Damit kommen wir wieder auf die Grundfrage aller Klünglerinnen zurück: Wer kennt wen, der/die jemanden kennt?

Ziele für Angestellte

Sie wollen in Ihrer Firma vorankommen? Sie wollen nicht dort versauern, wohin Ihr Schicksal Sie verschlagen hat? Dann schauen Sie sich nach einem Ziel um, das Ihnen erstrebenswert erscheint, und benennen Sie es. Auch als Angestellte müssen Sie Ihr Ziel so konkret wie möglich fassen. Sagen Sie nicht nur: «Ich will hier etwas werden» oder «Ich will mehr verdienen».

Sagen Sie, was Sie werden und womit Sie mehr verdienen wollen. Die Sachbearbeiterin, die Gruppenleiterin werden möchte, die Substitutin, die in den Einkauf will, sie alle müssen ihr Ziel klar definieren. Und sagen Sie es so oft wie möglich. Ihr Ziel darf nicht Ihr kleines Geheimnis bleiben, es muss bekannt sein.

{ Barbara erzählt ein Beispiel aus ihrem Berufsleben: Schon in der Textilfachschule hatte sie bei jeder Gelegenheit verkündet, sie wolle Textileinkäuferin werden, möglichst in einem großen Konzern, in dem die Einkäuferinnen weltweit unterwegs sind. Der Schwager des Freundes einer Freundin – beim Klüngeln sind solch komplexe Verbindungen üblich – hörte bei einer Geburtstagsfeier Barbaras Wunsch. Er war Einkäufer für den Lebensmittelbereich, aber gut bekannt mit dem Textileinkäufer eines anderen Konzerns. Er empfahl ihm die Studentin Barbara. Die bewarb sich unter Hunderten, wurde sofort zu einem Vorstellungsgespräch gebeten und sogar angenommen, musste allerdings erst einmal eine Ausbildung als Abteilungsleiterin absolvieren. Auch das hinderte sie nicht daran, ihren eigentlichen Berufswunsch weiterhin zu verkünden, auch gegenüber der Einkäuferin aus ihrer Firma, zu der sie Kontakt gesucht hatte, einerseits der fachlichen Tipps und Informationen wegen, andererseits wegen der guten Beziehungen. Barbara versorgte dafür die Einkäuferin mit Informationen aus dem Innendienst und schickte ihr sogar E-Mails nach Hongkong, um sie über wichtige Entwicklungen auf dem Laufenden zu halten. Der Klüngel brachte Erfolg: Die Einkäuferin erfuhr von einer frei werdenden Stelle in einem anderen Haus, Barbara wurde empfohlen. Sie machte den Job zehn Jahre lang und ist mittlerweile selbständig. Aber das ist schon wieder eine andere Klüngelgeschichte.

Schöne, heile Klüngelwelt? Fragen Sie ruhig einmal herum. Es sind mehr Karrieren auf diesem Weg gestartet, als Sie denken. Die ehemalige Kölner Dombaumeisterin Barbara Schock-Werner erzählte uns, dass sie ihren Studenten immer wieder dies ans Herz gelegt habe: «Überlegt euch schon während des Studiums, was ihr wo werden wollt, und lasst es viele Leute aus der Branche wissen. Geht zu Veranstaltungen, nehmt offizielle Einladungen aus Verwaltung und Wirtschaft an, lasst euch vorstellen.» Sie empfahl, jegliche Form von Präsentationsmöglichkeit wahrzunehmen, ob es nun Einweihungen, Ausstellungseröffnungen oder Jubiläumsfeiern waren. «Je bekannter euer Name und euer Ziel jetzt schon sind, desto größer die Chance, später an der richtigen Stelle einzusteigen.» Das gilt selbstverständlich auch für Sie als Angestellte.

Im folgenden Beispiel geht es zwar nicht um gesteigerte Umsätze und Bühnenerfolge, aber eine Art «Solo-Karriere» streben Sie auch hier an: Sie wollen **Chefin** Ihrer Abteilung werden, wenn Ihr derzeitiger Chef in zwei Jahren ausscheidet. Fangen Sie nicht erst im letzten Moment an zu klüngeln. Als Klünglerin wissen Sie: Je eher Sie auf ein fernes Ziel zusteuern, je früher Sie Ihre Klüngelnetze legen, desto wahrscheinlicher ist Ihr Erfolg.

Zunächst definieren Sie Ihre Ziele. Es ist völlig klar, dass sich Ihre Aufmerksamkeit auf die Suche nach Verbündeten und auf Kontaktpersonen richten muss, die Ihnen rechtzeitig genau davon berichten können, wie sich das Personalkarussell dreht.

Ihre Ziele könnten lauten:

- Ich versuche, meinen Chef als Mentor zu gewinnen: Er soll mich als Nachfolgerin empfehlen.
- Ich suche Kontakt zur Personalabteilung.
- Ich suche Personen, die Kontakte zur Firmenleitung haben und mich innerhalb des Unternehmens empfehlen oder fördern können.
- Ich suche Personen in dieser Firma, die über betriebsinterne Vorgänge / Versetzungen / Personalplanungen gut informiert sind.
- Ich suche Kontakte zu anderen Abteilungen des Unternehmens, die meine Erfahrungen und Kenntnisse nutzen können.

- Ich suche außerbetriebliche Kontaktmöglichkeiten zu betrieblichen Entscheidungsträgern. Tennis mit der Personalchefin – warum nicht? Wenn der Zufall einmal nicht mitspielt, darf gern nachgeholfen werden.

Auch hier gilt: Je konkreter Sie Ihr Ziel fassen, desto leichter lassen sich Klüngelansätze dafür finden.

Wann bitte soll's denn sein?

Auch das ist wichtig: Setzen Sie sich ein klares Zeitlimit. Was wollen Sie in welcher Zeit erreichen? Versuchen Sie hier einmal aufzuschreiben, wie Ihre berufliche Planung aussieht:

Was wollen Sie erreicht haben?

- in 6 Monaten?
- in 2 Jahren?
- in 5 Jahren?

Angenommen, Sie arbeiten in einer Aus- und Fortbildungseinrichtung, in der Sie Folgendes erreichen wollen:

- in 6 Monaten — Fachfrau auf dem Gebiet x
- in 2 Jahren — Leitung eines Projektes
- in 5 Jahren — Koordinatorin mehrerer Projekte

Oder Sie befinden sich in der Gründungsphase für Ihren Büroservice:

- in 6 Monaten — Abschluss der Existenzgründungsphase. Sie sitzen in Ihrem eigenen Büro
- in 2 Jahren — Ihre persönliche Arbeitszeit ist aus-

	gelastet mit Aufträgen von Firmen aus der Werbebranche
• in 5 Jahren	Sie haben drei Angestellte. Ihr persönlicher Arbeitsschwerpunkt ist die Akquise von Aufträgen

Geben Sie Ihrer Zukunft eine Schlagzeile — Damit Ihre Ziele und Visionen nicht im Tagesgeschehen untergehen, aber auch, damit Sie sich schon im Voraus an Ihrer Zukunft erfreuen können, formulieren Sie jetzt eine knackige Schlagzeile für das, was Sie beruflich erreichen wollen. Überspringen Sie in Gedanken alle Zwischenstufen zu Ihrem Fernziel, gönnen Sie sich einen Blick in Ihre rosige Zukunft. Große Lettern verkünden, worauf Sie derzeit hinarbeiten.

Am besten, Sie stellen Ihre Schlagzeile in einem kleinen Bilderrahmen gleich neben Ihr Bett. Ein paar Beispiele:

Erna Puste: **«Neue Geschäftsführerin der Absatz-GmbH!»**

Anna Goldstein: **«Meinen Schmuck trägt die Hamburger Schickeria!»**

Sabine Trend: **«Die Werbeagentur bin ich!»**

Kathi Knie: **«Erste weibliche Vorstandsvorsitzende des Vereins FC Hammerschlag»**

Wie die Klünglerin Clarissa aus dem folgenden Beispiel schreiben Sie Schlagzeile, Ziele und Zeitvorgaben auf ein Blatt Papier.

Clarissa Sieg arbeitet bei einer Finanz- und Versicherungsberatung. Ihr derzeitiger Schwerpunkt ist die Anlageberatung. Ein neuer Bereich «Medienversicherungen» soll entstehen. Die Firmenleitung ist dabei, eine neue Abteilung aufzubauen; die endgültige Besetzung steht jedoch noch nicht fest. Frau Sieg möchte in diesen Bereich überwechseln, später will sie die Abteilung auch leiten. Ihre Schlagzeile lautet:

Clarissa Sieg: **«Geschäftsführerin für den Versicherungsbereich Medien!»**

Um ihre Schlagzeile Realität werden zu lassen, stellt sie einen Plan mit ihren persönlichen Zielvorgaben auf:
- in 6 Monaten: Ich habe mich in diesen Versicherungsbereich eingearbeitet.
- in 2 Jahren: Ich habe ein stabiles Kontaktnetz zu den Medien aufgebaut.
- in 5 Jahren: Ich bin Geschäftsführerin des Versicherungsbereichs Medien.

Unmittelbare Klüngelziele:
- Ich suche und halte Kontakt zu der Firmenleitung
- Ich suche Kontakte zur Geschäftsführung der Medienbereiche x, y
- Ich suche Fachkolleginnen und Kollegen aus dem Medienbereich für einen möglichst schnellen Erfahrungsaustausch über Inhalte.

Jetzt sind Sie dran:

Schlagzeile

____

____

erreicht in:

6 Monaten ______________________________

2 Jahren ______________________________

5 Jahren ______________________________

Unmittelbare Klüngelziele:

- ____________________________________
- ____________________________________
- ____________________________________

Wir werden Sie im Verlauf der folgenden Kapitel immer wieder auf Ihre Ziele ansprechen. Denn: Ohne Ziel können Sie nicht klüngeln.

Das wusste auch Ilsebill. Sie kennen sie sicher noch: Ilsebill ist die Frau des alten Fischers aus dem bekannten Märchen der Gebrüder Grimm. Zum Klüngelbeispiel umgeschrieben, erscheint die Geschichte in ganz neuem Licht. Aber lesen Sie selbst:

Der Fischer und seine Frau lebten – man mag es gar nicht aussprechen – in einem alten Pisspott. Auch wenn wir das natürlich nicht wörtlich nehmen müssen, so kann man doch verstehen, dass Ilsebill diese enge, stinkige Behausung gern gegen eine hübschere Wohnung eingetauscht hätte. Das Dumme war nur, dass ihr Mann sich dort wohl fühlte. Dabei hatte er Beziehungen: Er kannte einen Butt! Das war ein ganz großer Fisch mit magischen Kräften, der ihm vor Jahren ins Netz gegangen war. Statt ihn zu verspeisen, hatte der Fischer ihm das Leben und die Freiheit geschenkt, und seitdem stand der dankbare Butt in seiner Schuld. Er hätte dem Fischer ein schönes Haus ruck, zuck an den Strand gestellt, aber der Mann wusste mit seinen Kontakten nichts anzufangen. Im Märchen heißt es, er sei auf Druck seiner Frau schließlich doch zum Butt gegangen und habe ihn gebeten, ein Haus zu beschaffen. Wir glauben das aber nicht. Dieser Trottel hatte sein Lebtag keine klare Zielvorstellung. Da ergriff Ilsebill die Initiative und ging eines Tages selbst zum Strand hinunter. Sie warf dem Butt reichlich Strandflöhe zu und kam mit ihm ins Gespräch. Der merkte, dass die Frau ordentlich was auf dem Kasten hatte, und als dann der Wohnungswunsch zur Sprache kam – wumms, da stand schon ihr neues kleines Haus!

Im Märchen heißt es nun, dass Ilsebill nie zufrieden gewe-

sen sei und ihren Mann mit immer größeren Forderungen immer wieder zum Butt geschickt habe.

In der Klüngelversion liest sich das so: Ilsebill hatte von Anfang an ein klares Ziel. Sie wollte nicht nur Fische fangen, sondern Sie auch gleich verarbeiten. Mit Unterstützung des Butts beschaffte sie sich zunächst eine Fischflotte und baute eine Fischfabrik. Der Butt beschaffte Genehmigungen und Kredite, Ilsebill ihrerseits setzte sich für ein generelles Fangverbot für Butte ein. Niemals ist in ihren Fabriken auch nur ein einziger Butt verarbeitet worden.

Hier könnte das (Klüngel-)Märchen enden. Aber der Fischer, der Ilsebills Erfolge missgünstig verfolgte, stellte es später anders dar: Ilsebill habe Königin werden und am Ende gar den lieben Gott ersetzen wollen. Und deshalb habe sie, weil so viel weiblicher Ehrgeiz strafbar ist, wieder in den alten Pisspott zurückkehren müssen.[1]

TESTEN SIE IHREN KLÜNGEL-HINTERGRUND

Falls keine kluge Definition und auch nicht die eigene Lebenserfahrung Sie davon überzeugen konnten, dass Klüngeln eine gute Sache ist, dann sind Sie vermutlich außergewöhnlich streng erzogen oder durch Ihr Elternhaus einfach nur schlecht vorbereitet.

Wir empfehlen Ihnen, einmal Ihren familiären Hintergrund zu beleuchten. Wie war das damals bei Ihnen zu

[1] Ilsebill ist nie wieder dorthin zurückgekehrt, sondern starb im Alter von 84 Jahren in einer Villa an der Hamburger Alster. Sie hinterließ ein Fischerei-Imperium im Wert von 20 Millionen Euro und einen alten Pisspott zur Erinnerung.

Hause? Wurde geklüngelt, oder war Klüngeln verpönt? Wir stellen Ihnen hier zwei extreme Beispiele vor.

Die einen wachsen damit auf... Vater ist Präsident des örtlichen Karnevalsvereins, je nach Region und Gehaltsgruppe des Schützenvereins, des Yacht- oder Golfclubs, Mutter gehört zur Schulpflegschaft, spielt Tennis und organisiert die Turniere. Zur Verwandtschaft wird ein enger Kontakt gepflegt, alle nehmen regen Anteil am beruflichen Werdegang von Vettern und Cousinen. Die Kinder sind ganz selbstverständlich in das weite Netz der freundschaftlichen, verwandtschaftlichen und gesellschaftlichen Zusammenhänge hineingewachsen, es gibt viele Feste zu Hause und ebenso viele außerhalb, und der Kreis der Menschen, die sich in irgendeiner Weise mit der Familie verbunden fühlen, ist groß. Man kennt sich und man hilft sich.

Die Lebenseinstellung dieser Familie könnte lauten: Wir leben nicht allein auf dieser Welt, Kommunikation und Kontakte sind ein wichtiger Teil unseres Lebens. Was wir mit anderen gemeinsam haben und was uns mit ihnen verbindet, ist für uns wertvoll und bereichernd.

...bei den anderen ist es verpönt — Vater und Mutter sind sich, wie sie oft betonen, «selbst genug», gehören weder einem Verein noch einer Initiative und schon gar keiner Partei an, haben selten Gäste und scheuen Einladungen. «Das verpflichtet nur...», sagen sie. Auch die Kontakte zur Nachbarschaft und zu Verwandten beschränken sich auf das Notwendigste. Alles, was mit menschlicher Nähe zu tun hat, wird als bedrohlich empfunden, es könnten ja Gegenleistungen erwartet werden, und man könnte ausgenutzt werden. Selbstlose Hilfe gibt es nicht, und dass man eine Gefälligkeit mit einem herzlichen Dankeschön quittiert und dafür selber auch gerne einen Gefallen tut, liegt einfach nicht im Bereich des Vorstellbaren. Und so kommt man zu der Überzeugung, alles allein schaffen zu müssen.

Die Lebenseinstellung dieser Familie heißt: Pass auf, sonst wirst du ausgenutzt. Die anderen wollen doch immer nur etwas von dir. Besser, du lässt dich auf gar nichts ein.

Welcher Familientyp hat Sie geprägt? — Es muss bei Ihnen nicht haargenau so zugegangen sein wie in einer dieser beiden Familien. Aber irgendwo dazwischen werden Sie sich wieder finden.

Es bedarf keines Studiums der Soziologie oder Psychologie, um zu erkennen: Je nachdem, woher Sie stammen, wird es Ihnen schwerer oder leichter fallen, sich auf das Klüngeln einzulassen.

Doch aufgeben sollten Sie auf keinen Fall. Sie können schnell aufholen, wenn Sie sich trauen und Spaß daran bekommen.

Wenn Sie wissen wollen, welcher Klüngel-Hintergrund Sie geprägt hat, füllen Sie einfach folgende Checkliste aus:

Checkliste: Sind Sie bereit zum Klüngeln?

	ja	nein
Ich schätze mich selbst als kontaktfreudig ein	☐	☐
Ich lade gern andere ein	☐	☐
Ich werde oft eingeladen	☐	☐
Ich halte gern einen Plausch mit Nachbarn oder Kollegen	☐	☐
Ich pflege mit Kollegen/Kolleginnen und Geschäftsfreunden auch privaten Kontakt (gemeinsam essen gehen, Einladungen etc.)	☐	☐
Ich gehe oft zu öffentlichen Veranstaltungen (politische Diskussionen, lokalpolitische oder kulturelle Themen)	☐	☐
Ich bekomme schnell Kontakt zu fremden Personen	☐	☐
Ich bin aktives Mitglied in einem Verein/Verband	☐	☐
Ich habe dort eine Aufgabe übernommen	☐	☐
Ich kenne viele Leute	☐	☐
Ich verbringe meine Freizeit aktiv mit anderen	☐	☐
Ich empfehle andere gern weiter	☐	☐
Andere fragen mich gern um Rat	☐	☐
Ich kann die Leistung anderer gut anerkennen	☐	☐
Ich kann meine Leistung gut präsentieren	☐	☐
Ich gebe anderen berufliche Unterstützung	☐	☐
Ich lasse mich beruflich weiterempfehlen	☐	☐
Ich zeige mich erkenntlich für Unterstützung und Weiterempfehlung, ich bedanke mich für ein Entgegenkommen	☐	☐

Was hat Ihre Checkliste gezeigt?

- Konnten Sie viele Ja-Kreuze setzen?

Dann fällt Ihnen das Klüngeln leicht. Vielleicht ist Ihnen noch gar nicht bewusst, dass Sie es schon lange tun. Jetzt wollen Sie vielleicht Ihr Potenzial gezielter einsetzen? Dieses Buch gibt Ihnen wertvolle Tipps und Anregungen.

- Sie haben überwiegend Nein-Kreuzchen gesetzt?

Bis jetzt haben Sie noch keine großen Klüngelerfahrungen, und auch die Gelegenheiten, die sich dafür bieten, scheinen Sie bisher nicht ausreichend am Schopf gepackt zu haben. Dieses Buch wird Ihnen Mut machen, Schritt für Schritt Ihr Klüngelpotenzial zu entdecken und es auch für sich zu nutzen.

DIE PHILOSOPHIE DER KLÜNGLERIN

Aller guten Dinge sind fünf — Wenn Sie mit gesenktem Kopf und gleichgültig gegenüber Ihren Mitmenschen durchs Leben gehen, werden sich kaum Möglichkeiten zum Klüngeln für Sie ergeben. Auch wenn Sie glauben, niemand könne Ihnen das Wasser reichen, wird Ihnen die Welt des Klüngelns verschlossen bleiben. Beide Einstellungen versperren den Blick, vor allem auf gute Klüngelkontakte. Sie würden sie nicht erkennen.

Kontakte sind es aber, die Sie brauchen, und zwar möglichst viele; jedenfalls so reichlich, dass Sie für alles und jedes jemanden kennen, die jemanden kennt, der jemanden kennt… An solche Kontakte kommt niemand durch langes Meditieren oder durch einsame Waldspaziergänge. Das alles mag reizvoll und gesund sein, zum Klüngeln müssen Sie aber etwas mehr in Schwung kommen.

Reißen Sie also den Vorhang zur Welt des Klüngelns auf, sprich: Augen, Ohren – und auf jeden Fall den Mund. Ihr Leben als erfolgreiche Klünglerin beginnen Sie mit einer Riesenlust auf andere. Eine lustvolle Grundhaltung, eine optimistische Lebensphilosophie – das ist ein hoffnungsvoller Ansatz und macht außerdem Spaß. Aber auch der Klüngelspaß ist gewissen Regeln unterworfen. Während die klassische Philosophin nach den allgemeinen

Gesetzmäßigkeiten der Welt sucht, um das Wesen des Seins zu erkennen, versucht die Klünglerin, die übersichtlicheren Zusammenhänge des Klüngelns zu ergründen.

Es sind fünf Eigenschaften, die die Philosophie der Klünglerin, ihre Einstellung zum Leben und ihre Grundhaltung ihren Mitmenschen gegenüber prägen. Eine davon ist so wichtig wie die andere. Keine darf vernachlässigt werden:

- Die Klünglerin sieht die positiven Dinge
- Die Klünglerin ist neugierig
- Die Klünglerin teilt sich mit
- Die Klünglerin gibt und nimmt
- Die Klünglerin knüpft Kontakte

Mehr darüber in den folgenden Kapiteln.

DIE KLÜNGLERIN SIEHT DIE POSITIVEN DINGE

Ein Freund kam aus Tibet und erzählte:
«Zum Glück hatten wir ein Maultier dabei.
Ein Junge verunglückte und wir konnten ihn mit
dem Maultier hinunter ins Krankenhaus schaffen.»
«Wie kam es denn zu dem Unfall?»
«Das Maultier hatte ihn getreten.»

Wenn auch Sie es als Glücksfall betrachten, vom selben Maultier ins Krankenhaus getragen zu werden, das Sie zuvor getreten hat, können Sie dieses Kapitel getrost überschlagen. Sie würden auch das oft genug herbeizitierte halb leere Glas stets freudig als halb voll erkennen. Seien Sie froh darüber, denn Ihre durch und durch positive Lebenseinstellung ist eine wunderbare Grundlage für künftige Klüngelaktivitäten.

Doch was tun, wenn Ihnen eine solch positive Sichtweise schwer fällt? Bei den meisten von uns ist das vermutlich so. Wir neigen dazu – ob bewusst oder unbewusst –, eher das halb leere Glas zu sehen. Mit dieser Sichtweise sind wir möglicherweise schon aufgewachsen, oder wir haben sie uns aufgrund späterer Erfahrungen angeeignet. Wie immer es auch dazu gekommen ist: Jetzt messen wir dem halb leeren Glas eine weitaus größere Bedeutung zu als dem halb vollen.

Aber was haben wir davon? Eine pessimistische Sichtweise trübt den Blick und demotiviert. Damit tun wir weder uns selbst noch anderen einen Gefallen. Pessimismus lähmt alle unsere Aktivitäten, macht griesgrämig und lustlos. Immer nur auf die negativen Seiten schauen heißt, für die positiven Seiten, die immer auch vorhanden sind, blind zu sein. Wenn Sie selbst nichts Gutes an sich sehen, wie sollen es andere tun?

Gutes denken und sagen, statt zu jammern und zu klagen — Frauen neigen dazu, sich im Gespräch vorwiegend mit dem darzustellen, was sie glauben, nicht zu können.

Achten Sie ruhig einmal darauf und beobachten Sie auch sich selbst: Wie oft berichten wir davon, worüber wir uns ärgern, womit wir unzufrieden sind, was wir alles ertragen und hinnehmen? Wie oft «jammern» wir uns etwas vor, beladen, bepackt und freudlos? Kein Wort von dem, was wir geschafft haben, von dem, was uns gelungen ist!

Natürlich gibt es Tage, an denen wir einfach nicht in Form, sondern richtig «schlecht drauf» sind. Manchmal ist es nötig, Ärger und Unmut abladen zu können, sich auch einmal ausweinen zu dürfen. Das entlastet ungemein, und auf diese Entlastung haben Sie Anspruch. Es ist alles in Ordnung, wenn es dabei bleibt, dass Sie es nicht zum Dauerzustand werden lassen, wenn Sie nicht immer nur das halb leere Glas sehen. Als Klünglerin wollen Sie nicht nur teilnahmsvolle Zuhörerinnen finden. Sie suchen Klüngelpartnerinnen, und die können mit den Geschichten über Ihre Unzufriedenheit und Ihren Ärger wenig anfangen, zumindest nicht beim Klüngeln.

Ihre Partnerinnen müssen erkennen, was Sie (er)schaffen, womit Sie zufrieden sind, was Sie leisten, was Ihnen gelingt, woran Sie Spaß haben. Das ist es, was andere an Ihnen schätzen können. Auch wenn der Ärger an manchen Tagen überwiegt – schauen Sie auf das halb volle Glas!

Das halb volle Glas steht immer irgendwo — Leicht gesagt? Wie sich kraftvoll fühlen, wenn alles misslingt? Gehen Sie die Situation, die Ihnen so «misslungen» erscheint, einmal genauer durch:

Sie haben den ganzen Tag an einem Text gefeilt oder ein Konzept entworfen, und jetzt haben Sie das Gefühl, nichts sei dabei herausgekommen. Der endgültige Text, das fertige Konzept ist Ihnen vielleicht noch nicht gelungen, aber Sie haben immerhin die Erkenntnis darüber gewonnen, was nicht in Ihr Konzept gehört, was Ihrem Text fehlt. Diesen Überblick hatten Sie am Morgen noch nicht, aber am nächsten Tag wissen Sie, wo Sie weiterarbeiten müssen.

Noch ein Beispiel: Sie bringen in einer Besprechung, einem Teamgespräch einen Vorschlag ein. Sie haben daran gearbeitet, Sie finden ihn großartig – und der Vorschlag wird abgelehnt. Sie können den Frust darüber tagelang mit sich herumtragen und vor lauter Verärgerung jetzt überhaupt nichts Neues mehr anfangen. Oder Sie sagen sich: Ich habe mein Konzept ins Gespräch gebracht, und damit auch mich. Meine Anregungen werden zu neuen Überlegungen und zu neuen Ideen bei anderen führen. Ich bin mit anderen Kolleginnen und anderen Vorgesetzten ins Gespräch gekommen und habe dabei neue Kontakte gewonnen.

Überlegen Sie in allen Situationen, die Ihnen frustrierend oder deprimierend erscheinen, wo das halb volle Glas steht. Es steht immer irgendwo. Sie müssen es nur sehen wollen.

Das Selbstbild

Jede Frau trägt Erfahrungen, Wissen und Kompetenz in sich, die sie sich im Leben erworben hat. Die Frage ist: Erkennen und anerkennen wir unsere Stärken oder halten wir sie für unbedeutend, unzulänglich, nicht der Erwähnung wert? Wir können auf eine getane Arbeit schauen und sagen:

Das habe ich heute alles geschafft:

- Telefonate erledigt: ....
- Entscheidungen getroffen: ....
- Unterlagen weitergegeben: ....
- Termine abgesprochen: ....
- Meeting vorbereitet: ....
- Gespräch mit .... endlich geführt.

Oder Ihre Gedanken kreisen entmutigt und enttäuscht um den Satz:

Das habe ich heute alles nicht geschafft:

- Vergessen: ....
- Keine Zeit zu: ....
- Nur überflogen: ....
- Liegen geblieben: ....
- .... (Ihnen fällt sicher noch etwas ein)

Sehen Sie, da stehen sie wieder, das halb volle und das halb leere Glas! Die Situation hat sich nicht verändert, nur die Sichtweise.

Lassen Sie jetzt einmal Ihren letzten Arbeitstag Revue passieren. Schreiben Sie entsprechend unserem vorangegangenen Beispiel auf, was Sie alles nicht geschafft haben und was Sie erreicht haben. Überlegen Sie so lange, bis in der rechten Spalte – «erreicht, getan» – mehr steht als in der linken.

Schreiben Sie auf:

nicht geschafft	erreicht, getan
• .... • .... • .... • .... • .... •	• .... • .... • .... • .... • .... • .... • .... • .... • .... Bitte mindestens 3 Eintragungen mehr als links einfügen!

Wenn es Ihnen schwer fällt, sich an Erreichtes und Geleistetes zu erinnern, dann gönnen Sie sich auf dem täglichen Nachhauseweg zehn Minuten, um sich die Erfolge und Ergebnisse des Tages aufzuzählen.

Ihre Sicht auf sich selbst und was Sie damit bewirken – «Kennst du Frau Y? Mit der habe ich kürzlich über private Möglichkeiten der Altersvorsorge gesprochen. Sie hat mir von einem ganz speziellen Angebot erzählt, einer neuen privaten Rentenvorsorge für Frauen.»

Frau Y hat offensichtlich den Eindruck einer Expertin für Altersversorgung hinterlassen. Sie hat von den Vorteilen ihres Angebots gesprochen, sie kennt sich offenbar gut damit aus und arbeitet gern auf diesem Gebiet. Gelegentlich kommt es vor, dass sich Frau Y über ihre Kundinnen ärgert. Manchmal könnte sie über deren Entscheidungsunfähigkeit schier verzweifeln. Gründe, sich zu ärgern, gibt es oft.

Wenn Frau Y nun nur über ihren Ärger berichten würde, was bliebe dann bei uns hängen? Was vermittelt sie damit? Nichts anderes, als dass sie überfordert ist und dass ihr ihre Kundinnen lästig sind. Vielleicht entsteht sogar der Eindruck, dass sie an allen Kundinnen etwas auszusetzen hat. Womöglich auch an uns?

Das eingangs geführte Gespräch würde etwa so verlaufen: «Kennst Du Frau Y? Das ist die, die so oft über ihre Kundinnen klagt. Die scheint's mit denen aber wirklich nicht leicht zu haben.» Hat sie auch nicht, weil sie sich nur auf das halb leere Glas konzentriert. Das halb volle sieht sie nicht, trotz ihrer großen Erfahrung und all ihrer Abschlüsse.

Schade. Wir Klünglerinnen vermitteln ihr lieber keine neue Kundin. Sonst ärgert sie sich nur wieder.

Es kommt ganz darauf an: Halb voll oder halb leer?

Wie Sie Neues wahrnehmen, wie Sie auf Veränderungen reagieren, können Sie an ganz alltäglichen Dingen festmachen. Nehmen wir an, zwei Frauen haben sich einen neuen Scanner gekauft, einen Flachbettscanner. Was erzählen sie über die Erfahrung mit dem neuen Gerät? Worauf legen sie den Schwerpunkt? Zwei grundverschiedene Versionen über ein und dasselbe Gerät sind denkbar – je nach ihrer inneren Einstellung:

Die eine findet ihren Scanner großartig: «Die Ergebnisse sind gestochen scharf und die Farben absolut realistisch. Das Ding kann ich nach Dienstschluss auch von anderen PCs aus herunterfahren Remote-Abschaltung macht's möglich! Und umgekehrt kann ich selbst bei ausgeschaltetem PC scannen. Toll was?»

Die andere sagt zum gleichen Gerät folgendes:

«Was soll ich mit dem ganzen Schnickschnack? Ich will scannen und den Scan speichern oder verschicken – der Rest interessiert mich nicht. Ich bin eh immer am Platz, und wenn ich mal woanders bin, laufe ich halt zurück.»

Die Frau aus dem ersten Beispiel wirkt aufgeschlossen für neue Dinge und kann sich begeistern. Der Schluss liegt nahe: Auf diese positive Art wird sie alle Neuerungen angehen, die auf sie zukommen.

Die Frau mit der negativen Sicht wirkt ablehnend und missmutig. Sie wird die vielen Möglichkeiten des Gerätes wahrscheinlich nicht für sich nutzen. Und ein Nebengedanke schleicht sich ein: Kann sie etwa mit Technik grundsätzlich nichts anfangen? Lehnt sie stets alles Neue ab?

Sympathie und positive Ausstrahlung erleichtern uns den Zugang zu einer Person. Je mehr wir eine Person mögen und schätzen, desto leichter fällt es uns, sie zu unterstützen oder ihre Unterstützung zu erbitten. Und jetzt denken Sie noch mal an das Beispiel: Welche der beiden Frauen würden Sie beim Kauf eines Scanners um Unterstützung bitten, welche würden Sie weiterempfehlen?

Alles wird anders — Ihnen wird ein absoluter Super-Job mit dickem Gehalt und völlig neuen Aufgaben angeboten, in die Sie allerdings erst hineinwachsen müssen.

Welches sind Ihre ersten Gedanken? Kreuzen Sie an, welche Gefühle dieses Angebot bei Ihnen auslöst. Beob-

Der Superjob			
Halb leer?	**x**	**Halb voll?**	**x**
Druck, Angst, Bedenken		Freude, Neugier	
«Das kann ich alles nicht.» «Ich brauche noch Zusatzqualifikationen.»		neue Aufgaben, neue Herausforderung	
belastende Verantwortung		höheres Gehalt mehr Spesen (Luxushotels, Reisen 1. Klasse)	
Versagensangst		verbessertes Image	
Kolleginnenneid		größerer Entscheidungsspielraum	
Mehrarbeit		mehr Einflussmöglichkeiten	
Verlust des vertrauten Umfeldes		neue Kontakte, Zugang zu höheren Entscheidungsebenen	
kein geregelter Feierabend		interne und externe Seminare für leitende Angestellte	
«Wie regele ich meinen Haushalt?» «Wie versorge ich meine Kinder?»		Umsatzbeteiligung, bessere Altersversorgung	

achten Sie an sich, ob Sie das halb volle oder das halb leere Glas sehen:

- Wenn Sie Ihre Kreuzchen überwiegend in die rechte Spalte eingesetzt haben, können Sie getrost die nächste Stelle antreten.

- Wenn mehr Kreuzchen auf der linken Seite stehen, lassen Sie sich bitte einmal auf folgende Gedanken ein: Alle Eigenschaften und Fähigkeiten, die Sie brauchen, stehen Ihnen grundsätzlich zur Verfügung, auch für diesen Super-Job. Aber in einer Angstsituation oder unter Druck und auch, wenn Sie eine Situation negativ bewerten, können Sie darauf nicht zurückgreifen.

Greifen Sie einmal den Punkt «Versagensangst» heraus. Sie erinnern sich bestimmt an eine Situation, die Ihnen ebenso wenig vertraut war wie dieser neue Super-Job, in die Sie aber nicht mit Versagensangst, sondern mit Neugier, Freude oder Lust eingestiegen sind. Das kann in Ihrer Freizeit gewesen sein, Sie haben vielleicht privat ein großes Fest organisiert, sind plötzlich für jemand eingesprungen oder Sie haben in einem Ehrenamt erfolgreich Verantwortung übernommen. Wenn Sie an diese Situation zurückdenken, erkennen Sie, dass Sie alle notwendigen Fähigkeiten durchaus besitzen. Sie haben sie auf anderem Gebiet schon eingesetzt. Jetzt, nachdem Sie das erkannt haben, sollten Sie die rechte Seite der Liste für den Super-Job noch einmal überdenken.

So schaffen Sie sich wieder einen freien Zugang zu Ihren Ressourcen, die Ihnen nicht nur den Einstieg in einen neuen Job erleichtern, sondern die Sie auch zum Klüngeln brauchen.

Wie denken Sie über andere?

Starten Sie mit einem Test: Denken Sie an eine Mitarbeiterin oder Kollegin. Was fällt Ihnen zuerst ein? Etwas Positives oder etwas Negatives? Wie würden Sie ihre fachliche Kompetenz, ihren Arbeitsstil und ihre Art, Gespräche zu führen, beschreiben? Wir geben Ihnen ein Beispiel vor.

Von Ihrer Mitarbeiterin könnten Sie diese Eigenschaften gespeichert haben:

- Morgens kommt sie meistens zu spät. Ihre Kleidung ist nicht immer unserem Bürostil angepasst. Mit einem unserer Kollegen liegt sie oft im Streit. Sie redet zu lange mit den Kunden, steckt überall ihre Nase hinein. Sie lässt sich von anderen schnell Arbeit aufbürden.

Oder Ihnen ist folgendes aufgefallen:

- Wenn ich ihr eine spezielle Aufgabe übertrage, übernimmt sie die volle Verantwortung dafür. Ich brauche mich dann selbst nicht mehr darum zu kümmern. Sie informiert mich rechtzeitig über wichtige Vorgänge in der Firma. Ich kann mich auf ihr Urteilsvermögen verlassen. Sie ist in ihrem Job sehr engagiert, abends ist sie oft die Letzte im Büro.

Wohlgemerkt: Es handelt sich jeweils um dieselbe Frau. Machen Sie den Test jetzt selbst. Stellen Sie sich Ihre Chefin, Mitarbeiterin, Kollegin vor. Worauf legen Sie jeweils den Schwerpunkt? Welche Merkmale überwiegen, die negativen oder die positiven? Warum das so wichtig ist? Weil es darum geht, Ihren Blick für das Klüngelpotenzial der anderen zu schulen.

So sehe ich	
Was mir missfällt: 1. .... 2. .... 3. .... 4. .... 5.	**Was mir gefällt:** 1. .... 2. .... 3. .... 4. .... 5. .... 6. .... 7. .... 8. .... Hier sollten mindestens drei Eintragungen mehr stehen als auf der linken Seite.

Sie sehen an anderen eher die negativen Seiten als die positiven? Am folgenden Beispiel zeigen wir Ihnen, wie Sie das Positive im Negativen wahrnehmen können.

An dieser Stelle fragen Sie sich vielleicht: Warum sollten Sie Positives suchen an einer Person, die Sie absolut nicht mögen, die Sie ablehnen, die Sie langweilig finden? Dafür gibt es folgende Gründe:

- Möglicherweise sind Sie von dieser Person abhängig. Sie ist z. B. Ihre Vorgesetzte. Mit ihr müssen Sie auskommen, und sei es nur, damit sie Sie weiterempfiehlt.
- Nichts wie weg von ihr – aber vorher muss das Verhältnis zwischen Ihnen erträglich sein, sonst wird vielleicht nichts aus der Beförderung. Es würde gewiss auch Ih-

nen schwer fallen, eine Mitarbeiterin zu unterstützen, von der Sie wissen, dass sie nichts Positives an Ihnen sieht.

- Oder es handelt sich um Ihre Kollegin, an der Sie nicht viel Gutes entdecken können. Mit ihr müssen Sie jedoch zusammenarbeiten. Negative Kommunikation raubt Ihnen sehr viel Energie. Stecken Sie sie lieber Kraft in die Überlegung, wie sie miteinander klüngeln, also sich gegenseitig empfehlen und fördern können.

Wie Sie das halb leere Glas füllen können — Erinnern Sie sich an die Mitarbeiterin, die morgens nicht pünktlich ist und sich dem Kleidungsstil nicht anpasst?

Schauen Sie sich die negative Beschreibung von ihr noch einmal an:

1. Morgens kommt Sie meistens zu spät.
2. Ihr Kleidung ist nicht immer unserem Bürostil angepasst.
3. Mit einem Kollegen liegt sie oft im Streit.
4. Sie redet zu lange mit den Kunden, steckt überall ihre Nase hinein.
5. Sie lässt sich von anderen schnell Arbeit aufbürden.

Ist das wirklich alles nur negativ? Könnten wir es nicht auch so betrachten:

1. Sie setzt sich ihre eigenen Zeiten, hat den Mut, Grenzen zu überschreiten, und lebt mit den Konsequenzen.
2. Sie vertritt ihren eigenen Stil, sie bleibt sich treu.
3. Sie setzt sich mit anderen auseinander.
4. Sie geht intensiv auf Kunden ein und ist gut informiert.
5. Sie ist sehr hilfsbereit.

Nehmen Sie jetzt Ihre Negativsätze aus der vorherigen Übung (Seite 76) und arbeiten Sie die positiven Seiten, die darin möglicherweise auch enthalten sind, heraus. Schreiben Sie sie hier nieder:

Die positiven Seiten von «Was mir missfällt ...»

1. ....
2. ....
3. ....
4. ....
5. ....

Vielleicht können Sie jetzt auch Ihren Zugang zu dieser Person verändern. Machen Sie sich immer klar: Nicht die Situation, nur Ihre Sichtweise ändert sich.

Die Stärken anderer erkennen

Stellen Sie sich eine Freundin oder einen Freund vor. Überlegen Sie, welche positiven und negativen Eigenschaften sie oder er hat. Da ist zum Beispiel Ihre Freundin Norma Normal. Na ja, vielleicht ist sie keine richtige Freundin, aber Sie kennen sich gut. Von Norma erhalten Sie ganz unterschiedliche Bilder, je nachdem, worauf Sie besonders achten. Denn Norma Normal hat, wie alle Menschen, zwei Seiten:

Das ist Norma Normal,
Pressereferentin in einer großen Firma

negative Eigenschaften
- redet zu gern, steht gern im Mittelpunkt,
- prahlt mit ihren Kontakten und Einladungen,
- ist ständig unterwegs,
- lacht zu viel und zu laut,
- ist nicht sehr zuverlässig in Sachen Zeitplanung,
- trinkt manchmal zu viel.

positive Eigenschaften
- kann sich gut ausdrücken,
- kann trockene Themen witzig formulieren,
- findet in schwierigen Situationen die richtigen Worte,
- kennt viele einflussreiche Leute,
- ist immer fröhlich,
- vermittelt gern,
- feiert gern.

Weil Norma eben so *und* so ist, können Sie sich von Norma wenig oder viel holen.

- Norma ist für Sie als Klüngelpartnerin ganz unergiebig, wenn Sie vor allem dies an ihr wahrnehmen:
  Norma trinkt zu viel, hat die letzte Verabredung vergessen, redet zu viel und auch noch ständig von anderen Leuten, ihr ewiges Lachen irritiert Sie, und sie scheint sich nur für ihren Job zu interessieren.
- Norma ist für Sie die ideale Klüngelpartnerin, wenn Sie vor allem dies an ihr wahrnehmen:
  Norma ist *die* Quelle für Kontakte. Durch sie haben Sie wichtige Leute kennen gelernt, die berufliche Brücken bauen können. Norma können Sie jederzeit anrufen. Sie ist bereit, mit Ihnen über neue wichtige Verbindungen nachzudenken, sie stellt sie her, wenn Sie sie brauchen. Sie bleibt immer gut gelaunt dabei.

Norma ist ein Beispiel für das Funktionieren vieler Kontakte. Immer wenn wir Klüngelpartnerinnen und Klüngelpartner suchen, stellt sich die Frage: Mit welchen Eigenschaften einer Person können wir rechnen, wenn wir klüngeln wollen? An diesen zielgerichteten, auch eigennützigen Blickwinkel müssen Sie sich vielleicht erst noch gewöhnen. Es ist nichts Unrechtes, wenn Sie Ihre Interessen verfolgen und dabei die Unterstützung derer suchen, die Sie unterstützen können. Denn umgekehrt stehen auch Sie mit Rat und Tat zur Verfügung.

Sie dürfen bei Ihren Klüngelpartnerinnen mit gutem Gewissen trennen zwischen der Seite, die für Sie interessant ist, und der anderen, mit der Sie nichts anfangen können. Mit Norma werden Sie sicher kein tief schürfendes Gespräch über Ihr Innenleben führen, Sie werden sie aber dennoch schätzen, der kontaktfreudigen Art wegen. Und so wird es Ihnen bei vielen anderen auch ergehen: Von der einen Person können Sie technische Hilfe jeder Art erwarten, die andere wird Ihre Vorliebe für kulturelle Veranstaltungen teilen. Sie werden nicht von allen alles bekommen. Sie können schließlich auch nicht allen alles geben.

Denken Sie daran: Sie müssen nicht alle Menschen lieben. Die Menschen sind nicht perfekt, auch wenn wir sie gern so hätten. Aber Sie kommen besser mit ihnen zurecht, wenn Sie beide Seiten an ihnen wahrnehmen und überlegen, welche Ihnen entgegenkommt. Es soll sogar Menschen geben, die sich überhaupt nicht mögen und dennoch hervorragend miteinander klüngeln.

Der Erfolg der Klünglerin hängt zu einem großen Teil davon ab, wie positiv oder negativ sie sich und ihre Umwelt wahrnimmt. Wenn Sie sich und Ihre Mitmenschen aus einem positiven Blickwinkel heraus betrachten,

- stärken Sie Ihr Selbstwertgefühl und Ihr Selbstvertrauen,
- hilft es Ihnen, kreative und hilfreiche Verbindungen herzustellen,
- verschaffen Sie sich ein gutes Image und
- fördern Sie sich gegenseitig.

DIE KLÜNGLERIN IST NEUGIERIG

Wenn die Neugierde sich auf ernsthafte Dinge richtet, dann nennt man sie Wissensdrang.
(Marie v. Ebner-Eschenbach)

Falls Sie Neugier für eine Untugend halten, dann ersetzen Sie das Wort einfach durch *menschliche Anteilnahme*, *Wissensdurst* oder *Interesse*. Und schon ist eine verpönte Eigenschaft gesellschaftlich anerkannt und hoch geachtet.

Haben Sie sich jemals gefragt, weshalb all die montäglichen, dienstäglichen, mittwöchlichen Konferenzen und Besprechungen stattfinden, mit Kaffeepausen und gemeinsamem Essen? Was glauben Sie, weshalb «wichtige» Leute ständig telefonieren und am liebsten rund um die Uhr erreichbar sein wollen? Das ist die pure Neugier! Man möchte eben alles wissen, alle Entwicklungen möglichst schon vorher kennen, damit man nicht von den Ereignissen überrollt wird. Die «Schwierigkeiten im Vorfeld der Entscheidungen» lassen sich nur ausräumen, wenn man sie kennt, vor allem, wenn man auch die Personen kennt, die daran maßgeblich beteiligt sind.

Klüngeln fängt bereits da an, wo ein Kontakt hergestellt wird. Das ist wie mit dem Strom aus der Leitung: Solange Sie den Stecker nicht in die Steckdose stecken, bleibt es dunkel.

Das Potenzial der anderen

Wer nichts von anderen Menschen weiß, kann mit ihnen nicht klüngeln. Erfolg versprechend klüngeln können nur diejenigen, die wissen, wer warum wofür in Frage kommt. Kurz gesagt: Wer hat das, was Sie brauchen? Wer kann das, was Sie nicht können?

Das erfahren Sie nur, wenn Sie neugierig sind, aktiv zuhören, Fragen stellen und sich das Gehörte gut merken.

Sie interessieren sich für alles. Oder jedenfalls für alles, was andere Menschen auszeichnet, für alles, was sie mit Erfolg betreiben. Der junge Mann, der Ihnen als neuer «Shooting-Star» vorgestellt wird, der zwei Jahre nach dem Abitur den ersten Sportschuh-Schnürsenkel-Fachversand in schwindelnde Umsatzhöhen katapultierte, kann Ihnen womöglich unschätzbare Tipps für Ihre geplante Firmengründung geben. Die Frau, die über ihre ausgefallene arabische Kochkunst berichtet, könnte auf Ihrer Eröffnungsfeier den Catering-Service übernehmen. Sie haben beide etwas davon: Für Sie ist es die Möglichkeit, noch lange bei Ihren Kunden im Gespräch zu bleiben, und der Catering-Service gewinnt neue Interessenten.

Daraus folgt: Was andere tun, ist auch für Sie interessant. Vielleicht haben Sie ähnliche Pläne? Vielleicht ergänzen Sie sich und kooperieren oder übernehmen eine Idee.

Auch was Ihre Konkurrenz tut, sollte Sie interessieren, denn umso besser können Sie sich einklinken, sich abgrenzen oder sich neu orientieren.

{ Auf einem Fest standen kürzlich eine Fallschirmspringerin und eine Dekorateurin nebeneinander. Die Dekorateurin entwickelte vorsichtig einige Anregungen, wie ein solcher Saal origineller dekoriert werden könne. Eine Galeristin, die hinzutrat, beschrieb ihre Ausstellungshalle, da suche sie eine extravagante Deckendekoration für eine Fotoausstellung zum Thema «Über den Wolken». Die Fallschirmspringerin, die Dekorateurin und die Galeristin entwickelten im Laufe des Abends und bei zwei Flaschen Champagner eine Idee: Ein dunkelblauer Fallschirm sollte sich wie ein riesiger Himmel quer durch die Halle über die Fotos spannen. Die Dekorateurin, die so etwas noch nie gemacht hatte, sah als einziges Problem die Beschaffung von ausfahrbaren Leitern. Glücklicherweise hatte sie einen Dachdecker im Bekanntenkreis, der seine Leitern mit Freude der Kunst zur Verfügung stellte. Den Fallschirm besorgte die Fallschirmspringerin, sie wusste, wo sie ausrangierte Exemplare finden konnte. Die Dekorateurin hat mittlerweile schon weitere bestellt – für andere Gelegenheiten.

Die Klünglerin muss gönnen können — Wir geben es ja nicht gern zu: Geballte Kompetenz in Person eines fröhlich plaudernden Gegenübers kann sooo erdrückend sein. Von wegen ansteckend und aktivierend! Umhauen kann es uns: «Was die alles schafft – im Gegensatz zu mir.»

Jetzt nur nicht den Fehler machen und niedergeschlagen davonschleichen. Je kompetenter, je fähiger jemand ist, desto besser für Sie. Die kleinen Verlierer sind Ihnen vielleicht sympathischer. Besser klüngeln lässt es sich jedoch mit Gewinnerinnen und Überfliegerinnen.

Wir wollen gar nicht abstreiten, dass die eindrucksvolle Darbietung von Kompetenz Neid in uns weckt, vor allem wenn sie auch noch gepaart ist mit Schönheit, Humor und finanziellem Aufstieg. «Schön, aber doof» – wenn das nur immer stimmen würde. In Wirklichkeit sieht die erfolgreiche Rechtsanwältin womöglich auch noch atemberaubend gut aus.

Die Versuchung ist groß, an eigener Größe gewinnen zu wollen, indem wir die anderen klein machen. «Das ist ihr doch alles zugefallen» oder «Die sollte mal zur Farbberaterin gehen …»

Lassen Sie es! Registrieren Sie Ihre Lust auf kleine Sticheleien, aber halten Sie sich nicht daran fest. Denken Sie weiter. Die coole Werbegrafikerin mit der schrillen Frisur ist vielleicht genau die Richtige, um Ihr Firmenlogo zeitgemäß aufzupeppen.

Und die junge Dame im frechen Overall mit der gepiercten Oberlippe findet sich offenbar mühelos zurecht im Gestrüpp der Smartphone-Angebote. Ihnen ist das bisher ein Buch mit sieben Siegeln.

Neid kann den Blick auf das Wesentliche verstellen. Versuchen Sie großzügig zu sein. Die Klünglerin muss gönnen können, vor allem den Erfolg, denn den Erfolg der anderen setzt sie wie ein Puzzlestück in ihre eigene Erfolgsstrategie ein.

{ Vor einiger Zeit wurde ich auf einem Jubiläumsempfang einer Schulleiterin vorgestellt, die nebenher Tauchscheine gemacht hat, nur so zum Spaß. Und nur so zum Spaß schreibt sie Bücher über die Schönheit der Unterwasserwelt. Die Frau kam braun gebrannt aus dem Südchinesischen Meer und sah einfach hinreißend aus. Ich fühlte mich wie das hässliche Entlein, und meine erste Reaktion war: Das tu ich mir nicht an. Ich will nichts hören von Taucherlebnissen zwischen bunt schillernden Fischen im klaren, warmen Wasser, und so braun wie die will ich gar nicht werden. Ich konnte aber nicht ausreißen, und so kamen wir doch noch ins Gespräch, unterhielten uns über das neue Schuljahr, über fächerübergreifende Unterrichtsmethoden und über eine Tauchschule in Thailand. Jetzt planen wir gemeinsam eine Kunstwoche an ihrer Schule. Die Schulleiterin hat das Kollegium und die Schulbehörde bereits dafür gewinnen können, ich freue mich auf die Arbeit. Und vielleicht lerne ich selbst ja auch noch diese Tauchschule in Phuket kennen, wenn die Kunstwoche erst einmal überstanden ist.

Fazit: Die erfolgreiche Klünglerin erkennt die Kompetenz anderer und gewinnt sie für sich.

Die Klünglerin ist neugierig auf ihr Umfeld — Die Frage wird Sie vielleicht verblüffen: Kennen Sie Ihr Umfeld? Kennen Sie Ihre Nachbarn, die Leute in Ihrer Straße, Kolleginnen und Kollegen, Club- und Geschäftsfreunde, die Boutiquebesitzerin, bei der Sie einkaufen, und deren Neffen, der jetzt bei einer Tageszeitung als Wirtschaftsredakteur arbeitet? Natürlich ist es unmöglich, alle Menschen gleich gut zu kennen, doch wenn Sie von denen, die Sie umgeben, ein wenig mehr wissen als bisher, werden Sie sicher einige darunter finden, die Sie unbedingt noch näher kennen lernen wollen.

Kennen Sie Ihre Nachbarn? Von einem unserer Nachbarn kannten wir jahrelang nur den Namen. Seit dem Hausfest wissen wir, dass er einen Sohn hat, der bei einem Kommunalsender arbeitet, dass er selbst jahrelang im

Stadtrat tätig war und aktiv in einem Städtepartnerverein mitarbeitet. Wer weiß, wofür's gut ist?

Fragen wir weiter: Wissen Sie, welche Verbindungen Ihr Chef hat? Etwa zur Stadtverwaltung, zu Vereinen oder Parteien? Wissen Sie, welche Kontakte Ihre wichtigsten Kundinnen zu Ihrer Konkurrenz unterhalten? Wofür ist Ihre Tennispartnerin in der Firma X zuständig, was macht Ihre Nachbarin im Vorstand des Vereins? Was brennt ihr beruflich gerade unter den Nägeln? Welche Pläne verfolgt sie, welche Sonderaufgaben hat sie übernommen? Oder die Mutter der Schulfreundin Ihrer Tochter, die ein Übersetzungsbüro hat: welche Texte übersetzt sie in welche Sprachen, für welche Verlage, welche Kunden?

Wissen Sie es? Wenn nicht: Fragen Sie! Es könnte Ihnen und anderen nutzen.

{ Zu unserer Überraschung erfuhren wir kürzlich von einer unserer Bekannten, dass sie angestellte Steuerberaterin ist. Bis dahin glaubten wir, sie sei als Buchhalterin in einem Steuerberatungsbüro beschäftigt – wir kannten hauptsächlich die Schwierigkeiten mit ihrem Chef. Eher zufällig hatten wir nach ihrer Ausbildung gefragt, weil sie in ihrem Job nicht glücklich zu sein schien. Wir fragten: Warum machst du dich nicht selbständig? Zuerst war sie perplex. «Das ist doch viel zu unsicher… Und wenn nun niemand kommt? Wenn die richtige Geschäftsklientel ausbleibt?» Wir haben überlegt, wen sie aus ihrem und unserem Bekanntenkreis ansprechen könnte: Ute fiel uns ein, die über Existenzgründerinnen-Darlehen alles weiß und mit ihrem Steuerberater unzufrieden ist. Und dann gibt es noch das Wirtschaftsamt, das umfassende Beratung anbietet; Frau W., eine Freundin unserer Freundin Gaby, berät Existenzgründerinnen, und mit ihr ließe sich ein schneller Termin für die Steuerberaterin arrangieren. Mit anderen

Worten: Die Steuerberaterin denkt über ihren Weg in die Selbständigkeit nach. Der Auslöser dafür: eine zufällige Frage.

**Seien Sie neugierig auch auf die Menschen,
die Sie zu kennen glauben,
denn sie sind Ihre unmittelbaren Klüngelpartner.**

Die Kontaktpflege mit der unmittelbaren Umgebung hat noch eine weitere erfreuliche Nebenwirkung: Wir alle freuen uns, wenn jemand unseren Namen kennt. Plötzlich sind wir herausgehoben aus der Masse der «Nobodys». Sie fühlen sich sicher auch gleich viel aufgehobener, wenn Sie in Ihrer Bank freundlich mit Ihrem Namen begrüßt werden, oder wenn Ihnen das bei Ihrer Blumenhändlerin passiert oder bei der Zeitungsfrau. Ein paar nette Worte, ein paar Fragen, ein bisschen plauschen über dies und das – Sie werden schnell merken, dass Ihr Umfeld immer persönlicher wird.

Kontakt-Übung — Suchen Sie sich für diese Übung drei Personen aus Ihrem näheren Umfeld aus, die Sie fast täglich sehen, die Sie aber bisher nur grüßen und mit denen Sie sonst kein weiteres Wort wechseln. Das können Nachbarn sein, der Mann vom Kiosk, die Kassiererin in der Sparkasse oder die Kellnerin des Restaurants, in dem Sie öfter essen gehen. !

Machen Sie jetzt folgenden Test: Bei der nächsten Begegnung mit den ausgewählten drei Personen grüßen Sie freundlich wie immer und fügen ein paar kleine Sätze an. Das kann irgendeine Bemerkung über das Wetter sein, über das, was Sie gerade sehen, über Tagesereignisse, über das Essen oder das Angebot des Tages. Achten Sie darauf, wie Ihr Small-Talk-Angebot ankommt. Setzen Sie dieses kleine Gespräch bei jedem Treffen fort. Reden Sie immer wieder ein bisschen mehr mit denselben Personen. Sie werden feststellen, dass Ihr Kontakt intensiver wird. Erkundigen Sie sich nach den Namen oder fragen Sie andere danach; beim nächsten Mal sprechen Sie Ihr Gegenüber dann ganz persönlich an.

Beginnen Sie *jetzt* damit: Notieren Sie in dem nachstehenden Kasten die drei ausgewählten Personen und den Tag, an dem Sie mit Ihrem kleinen Gespräch anfangen wollen. Es ist zunächst nur eine Art Vertrag mit sich selbst; wenn Sie sich schriftlich festgelegt haben, werden Sie Ihren Plan auch in die Tat umsetzen.

Name/Ort	**Small-Talk-Start am**
1. Kiosk	heute
2. Imbiss	am Montag
3. Bioladen	am Dienstag

Name/Ort	**Small-Talk-Start am**
1.	....
2.	....
3.	....

Ein, zwei Wochen später überprüfen Sie, wie sich Ihr Verhältnis zu diesen drei Personen verändert hat.

Die Klünglerin interessiert sich für Persönliches — Jetzt sind Sie neugierig auf die Menschen geworden, also gehen Sie auch den letzten Schritt: Lenken Sie, wenn die Gelegenheit passend ist, das Gespräch auf persönlichere Fragen, die außerhalb des geschäftlichen Bereichs liegen, denn der Beruf und das berufliche Umfeld sind nur eine Seite einer Person. Ergänzen Sie das Bild, um in einen persönlicheren Kontakt zu treten. Erst durch das Wissen um persönliche Dinge schaffen Sie Vertrautheit, bereichern Sie die Verbindung um die gemeinsame Freude an gleichen Dingen oder Leidenschaften. Sie brauchen diese Nähe, um eine echte Klüngelbeziehung aufzubauen. Niemand ist nur Ärztin, Maklerin, Rechtsanwältin, Kassiererin oder Buchhalterin. Alle Menschen haben ein Privatleben, treiben Sport, spielen ein Instrument oder sammeln Mokkatassen. Und fast alle reden gern darüber. Wenn die Klünglerin entdeckt, dass sie dieselbe Vorliebe für Barockmusik hat wie ihr Gesprächspartner, schafft das eine unmittelbare Verbindung, und sie wird ihn später nicht mit einer Eintrittskarte zum Rock-Konzert beglücken wollen.

Alles ist wichtig, alles rundet das Bild ab: Wohnt Ihre Gesprächspartnerin mitten in der City, oder kehrt sie abends lieber aufs Land zurück – womöglich im schnellen Auto, weil das ihre geheime Leidenschaft ist («Aber bitte nicht weitersagen…»). Oder verzichtet sie bewusst auf hohe PS-Zahlen? Hören Sie zu, fragen Sie nach. Die meisten Menschen schätzen das Interesse an ihrer Person.

Testen Sie, wie viel Sie von anderen wissen — Wählen Sie wieder drei Personen aus: eine aus Ihrem Berufsbereich, eine Verwandte und eine Person, die Sie aus Ihrer Freizeit oder durch Ihre Hobbys kennen. Überlegen Sie, was Sie über deren Beruf oder Ausbildung wissen, über ihre Interessen, Verbindungen, Kontakte. !

Was weiß ich von Sybilla?

über den Beruf	– Lehrerin an einer weiterführenden Schule – Mentorin einer Referendarin – liebt ihren Beruf – will stellvertretende Schulleiterin werden
über ihre Interessen	– tanzt gerne Standardtänze – reist in ihren Ferien oft nach Asien – liebt und pflegt ihren Garten – joggt 2 Mal die Woche
über ihre Kontakte	– ist Mitglied im Verein für alternatives Wohnen – kennt die Schulleiterin persönlich – ist Mitglied der Gewerkschaft Erziehung und Wissenschaft (GEW)

Füllen Sie jetzt dieses Übungsblatt aus.

Was weiß ich von	
	....
	(Name)
	....
	(Name)
Beruf:	....
	....
	....
	....
Interessen:	....
	....
	....
	....
Kontakte:	....
	....
	....
	....

Sie können sich die Blankoliste kopieren und sie so mehrfach benutzen.

Wenn Sie beim Ausfüllen neugieriger auf eine Person geworden sind, dann fragen Sie bei nächster Gelegenheit nach. So können Sie das Klüngelpotenzial der anderen erfassen.

Erzählerinnen und Zuhörerinnen

Bevor wir darüber sprechen, *wie* die Klünglerin zuhört und fragt, versuchen Sie erst einmal herauszufinden, zu welchem Typ Sie gehören: Sind Sie eher diejenige, die zuhört, oder eher die, die redet?

Nur wenige können beides gleich gut, obwohl das fast alle von sich glauben. In Wirklichkeit ist es aber so: Manche Frauen können wunderbar zuhören, fragen nach und sind ansonsten eher still, möglicherweise weil sie es für sinnlos halten, ihre Sprachgewandtheit auch noch unter Beweis zu stellen, oder weil sie darauf hoffen, irgendwann doch selbst einmal gefragt werden, vielleicht aber auch, weil sie ihre eigenen Themen für nicht so wichtig halten. Die anderen erzählen wunderbar, bringen Argumente und erheben Einwände, nur das Zuhören fällt ihnen schwer. So erfahren die einen viel von anderen, die anderen erfahren wenig.

Beide Verhaltensweisen, sofern sie so einseitig bleiben, bringen für das Klüngeln kaum etwas. Wenn Sie Klüngelpartnerinnen gewinnen wollen, sollten Sie beide Varianten beherrschen. Dazu müssen Sie sich zunächst selbst kennen lernen, und wissen, wie Sie kommunizieren.

Stellen Sie fest, welcher Gesprächstyp Sie sind — Denken Sie an einen Abend zurück, an dem Sie mit mehreren Leuten zusammen waren. Was haben Sie von wem erfahren? Was haben Sie wen gefragt? Über was haben Sie mit wem diskutiert? Und was haben Sie wem von sich erzählt?

Stellen Sie sich nun drei Personen vor, mit denen Sie an diesem Abend gesprochen haben. Hier ein Beispiel:

Name: Irene Fischenich

Ort des Gesprächs: Sommerfest bei Wessels

Was habe ich Irene erzählt?	**Was habe ich von Irene erfahren?**	**Nachfragen?**
– von unserer Radtour durchs Moseltal – von unserer Suche nach einer neuen Wohnung – von Angelika, die zu einer Talk-Show eingeladen wurde – von meinen Terminschwierigkeiten	– Irene hat einen Forschungsauftrag der Universität erhalten (zusammen mit…?). Projekt dauert 2 Jahre. – Irene hat ihre Wohnung verkauft und zieht aufs Land nach Birkesdorf. – Ihre Freundin Anja hat gekündigt und sucht eine Stelle in der Erwachsenenbildung; gibt irgendwelche Kurse in der Volkshochschule.	Ja! Ja!

Jetzt sind Sie an der Reihe:

Name:	....	
Ort des Gesprächs:	....	
Was habe ich .... erzählt?	**Was habe ich von ...... erfahren?**	**Nach-fragen?**

Kopieren Sie sich dieses Übungsblatt. So können Sie es mehrfach ausfüllen!

Auf welcher Seite stehen mehr Eintragungen, auf der rechten oder der linken? Wissen Sie jetzt, ob Sie eher die Erzählende oder die Zuhörende sind?

Vielleicht ist es Ihnen aber auch so ergangen, wie unser vorgegebenes Beispiel zeigt: Sie haben viel gehört, einiges behalten, aber wichtige Einzelheiten wissen Sie nicht mehr. Vielleicht haben Sie sie ganz einfach vergessen. Vielleicht waren Sie mit Ihren Gedanken woanders, oder Sie haben nicht nachgefragt. Nicht alles muss von großer Bedeutung sein, was Sie an einem langen Abend gehört haben. Aber sollte die eine oder andere Information doch vertieft werden müssen, vermerken Sie das in der Spalte ganz rechts. Beim nächsten Treffen haben Sie so gleich eine Einstiegsmöglichkeit in ein neues Gespräch.

Schätzen Sie sich jetzt selbst ein:

Selbsteinschätzung:

Ich gehöre eher zu den Zuhörenden	☐		
Ich gehöre eher zu den Redenden	☐		
Fremdeinschätzung durch:	**Kollegin**	**Freundin**	**Bekannte**
Name:	....	....	....
Für mich zählst du eher zu denjenigen, die zuhören	☐	☐	☐
... denjenigen, die reden	☐	☐	☐

In das erste Kästchen tragen Sie ein, wie Sie sich selbst einschätzen. Fragen Sie zusätzlich drei Personen: eine Kollegin, eine Freundin und eine Bekannte. Bitten Sie die anderen, Ihnen zu sagen, wie sie Sie wahrnehmen. Tragen Sie ihre Rückmeldung mit einem Kreuzchen neben Ihrem Kästchen ein.

Ihre Selbstwahrnehmung kann von der Fremdwahrnehmung stark abweichen, damit müssen Sie rechnen. Wahrscheinlich sind Sie dann irritiert oder sogar verärgert. Sie glauben, von anderen falsch eingeschätzt zu werden. Bitte nehmen Sie nicht sofort eine abwehrende Haltung ein. Beobachten Sie sich selbst, indem Sie ein Gespräch, das Sie vor kurzem geführt haben, im Nachhinein noch einmal überprüfen: «Worüber habe ich gesprochen, wie lange habe ich erzählt, argumentiert – und was habe ich von anderen erfahren, wie viel Raum habe ich ihnen dafür gelassen?»

Wenn Sie immer noch unsicher sind, fragen Sie noch einmal nach bei denjenigen, deren Rückmeldung Sie überrascht hat. Wir gehen davon aus, dass es vertrauenswürdige und Ihnen sympathische Personen sind. Fragen Sie: «Woran machst du deine Einschätzung fest? Kannst du sie mir an einem Beispiel erklären?»

Selbst wenn Ihnen das Ergebnis dann immer noch Bauchschmerzen macht: Künftig werden Sie sich in ähnlichen Situationen viel genauer beobachten und, wenn Sie es für richtig halten, Ihr Verhalten ändern.

- Sie gehören zu denen, die gern die Unterhaltung übernehmen? Sie sind im Wettstreit der Argumente kaum zu schlagen, Ihnen fällt immer noch etwas ein?
  Ihre Sprachgewandtheit darf Sie nicht dazu verführen, andere zu überhören. Erweitern Sie Ihre Fähigkeit um

die Kunst des aktiven Zuhörens, damit Sie vom Klüngelpotenzial anderer erfahren.
- Sie sind eine aufmerksame Zuhörerin, die versteht, was ihre Gesprächspartnerin sagt, der es aber nicht leicht fällt, von sich zu reden? Sie erfahren auf diese Weise viel, aber andere erfahren wenig von Ihnen?
  Erweitern Sie Ihre Fähigkeit um die Kunst des Erzählens, vor allem um die Kunst, von sich zu erzählen. Das Kapitel «Die Klünglerin teilt sich mit» wird Ihnen dabei helfen.

Hören Sie aufmerksam und «aktiv» zu

Eine gute Kommunikation, bei der es darum geht, über andere Menschen etwas zu erfahren, besteht zu 80 % aus Zuhören. Das jedenfalls behaupten Marketing-Experten.

Aber wenn das Zuhören nun sehr schwer fällt?

Versuchen Sie doch einmal, die Sache so zu sehen: Zuhören ist Ihre Chance, von anderen etwas zu erfahren. Zuhören versetzt Sie in die Lage, die Menschen, die mit Ihnen reden, wirklich kennen zu lernen. Wenn Sie selbst nur reden und reden, unterhalten Sie die Menschen vielleicht, Sie erfahren aber nicht viel von ihnen. Vielleicht haben Ihre Geschichten und Erzählungen tatsächlich großen Unterhaltungswert, doch je länger Sie reden, desto mehr versiegt die allgemeine Unterhaltung. Ihre Zuhörerinnen verlieren den eigenen Gesprächsfaden, vergessen, was sie eben noch sagen wollten. Bevor dies geschieht, bevor die Themen der anderen irgendwo inmitten Ihrer Ausführungen in Vergessenheit geraten, erinnern Sie sich an die erste Tugend der Klünglerin, die Neugier. Hören Sie den Menschen aufmerksam zu, stellen Sie sich auf sie ein. Und selbst wenn Ihnen die passenden Stichworte nur so zufliegen, verkneifen Sie es sich, bei nächster Gelegenheit einfach Ihre Geschichte darüber zu stülpen. Bleiben Sie mit Ihrer Aufmerksamkeit bei der Person, die Ihnen etwas erzählt.

Damit es Ihnen leichter fällt, schlagen wir Ihnen ein Spiel vor, eine kleine Strategie: Lassen Sie sich innerlich auf eine «Entführung» ein. Sie werden entführt in die Welt der anderen. Sie finden dort neue Bilder, vielleicht sogar erstaunliche Gedankengänge oder abstrakte Zahlengerüste, wer weiß? Lassen Sie sich ein auf die Erfahrungen, Vorstellungen und die Ideenwelt Ihrer Gesprächspartnerinnen. Sie können solche Gespräche als Bereicherung Ihrer eigenen Welt und Ihrer Wahrnehmung schätzen lernen.

Sie können nachvollziehen, wie Ihr Gegenüber denkt, fühlt, einordnet, plant, bewertet. Sie werden viel erfahren, wenn die Erzählende merkt, dass Sie ganz bei der Sache sind. Umgekehrt kennen Sie dieses gute Gefühl doch auch bei sich: Wenn Sie spüren, dass die Zuhörende interessiert ist an dem, worüber Sie sprechen, dann sind Sie gerne bereit, noch mehr zu sagen.

Manchmal lassen sich in solchen Gesprächen, bei denen beide Seiten zuhören, ohne in den Sog zu verfallen, sich gegenseitig zu übertreffen, ungeahnte Gemeinsamkeiten entdecken. Überdies gilt: Sie müssen sich beim Klüngeln aufeinander verlassen können. Diese Vertrauensbasis muss erst einmal geschaffen werden. Dafür sind Gespräche die erste Grundlage. Daher ist es für Sie von großer Bedeutung, im Gespräch herauszuhören, was das für ein Mensch ist, zu dem Sie Kontakt suchen, und ob Sie sich auf ihn weiter einlassen wollen. Durch aufmerksames Zuhören und Nachfragen können Sie sich so manche spätere Enttäuschung ersparen. Wenn Sie es aber den drei Damen im Café nachmachen, werden Sie wenig Erfolg haben:

Drei Frauen im Café. Sie kennen sich, vielleicht sogar etwas zu gut.

«Gestern Abend hat Gina aus München angerufen. Sie geht jetzt für mindestens drei Monate nach Hollywood und dreht da einen Kurzfilm. Ihre Freundin geht als Kamerafrau mit! Ist das nicht wahnsinnig?»

Lisa, die das erzählt, ist Redakteurin bei «Radio Hallöchen», total überarbeitet und verheiratet mit ihrem Sender. Sie liebt Formel-1-Rennen, obwohl sie selbst immer mit dem Fahrrad fährt.

«Ja, ja, München… ein tolles Pflaster. Und tolle Läden. Ich hab mir da im vorigen Jahr ein sauteures Kleid gekauft. Was macht Gini denn jetzt mit ihrer Wohnung?» Carolina fragt ohne Absicht. Carolina ist hauptberuflich Mutter, mit nachlassender Begeisterung. «Ich war noch nie in Hollywood!» Sie sagt das mehr für sich. Früher stand sie mal auf der Bühne, als komische Nummer in einem Kleinstadt-Kabarett. Sie schrieb ihre Texte selbst. Dann kam Herbert.

«Gina sagt, ich solle sie dort mal besuchen… was meint Ihr?», fragt Lisa.

«Hollywood – ich wär schon froh, nur mal wieder hier Kabarett zu machen. Weißt du noch, wir waren sogar schon mal bei euch im Sender!?» Carolina sieht Lisa erwartungsvoll an. «Rudi plant ein neues Vormittagsprogramm. Mehr Pep, mehr Power, sagt er, mehr Witz in das Ganze.» Rudi ist Chefredakteur beim Sender und irgendwie mit Lisa liiert.

«Ich hör ja kaum noch Radio», seufzt Anna, die Gastwirtin. «Wo Irmi doch so oft im Fernsehen ist…» Irmi ist ihre Tochter, die leider keine Gasthofkarriere anstrebt. Sie will zum Film und war schon mal im Werbefernsehen.

«War das nicht die Spülmittelwerbung?» Es ist zu spüren, dass Carolina Irmi nicht mag. Anna lenkt ab. «Demnächst kommt sie zur Eröffnung. Wir haben doch jetzt den Gasthof auf dem Land...»

«Ach ja, die Einladung. Da irgendwo in...?» Lisa ist mäßig interessiert. «In einem Monat eröffnen wir. Zweihundert geladene Gäste! Wir haben noch Ställe angebaut für Gäste mit Pferden.»

«Kannst du denn reiten?» Carolina selbst scheint von Pferden weniger angetan.

«Zweihundert Gäste – nur hochkarätige Leute! Ihr kommt doch auch?»

«Programm zur Eröffnung, sagst du?» Carolina denkt an ihre abgebrochene Karriere.

«Sucht deine Schwester noch die Praktikumsstelle in München?»

«Ja, die will ins Hotelfach, aber sie hat noch keine Wohnung.»

«Ich sag doch, München ist ein teures Pflaster...»

«Steht Ginas Wohnung denn jetzt drei Monate leer?»

«Hat dein Bruder Erwin nicht auch mal Pferde gehabt?»

«Nein, der arbeitet im Rennstall von BMW.»

«Ich würde auch gerne mal reiten...»

«Auf dem Nürburgring?»

«Hollywood... warum eigentlich nicht?»

«Dann wird deine Wohnung ja auch frei?»

«Ich glaube, ich kann zur Eröffnung nicht kommen. Wann war die noch mal?!»

Lächeln Sie ruhig, aber ganz im Ernst: So ungewöhnlich ist diese Art der Kommunikation nicht. Solche Unterhaltungen prägen unseren Alltag.

Die Klünglerin füllt ihren Speicher — Sie werden es nach und nach registrieren: Wenn Sie zuhören und viel erfahren, wird sich auch Ihr «Klüngelspeicher» füllen. In Speichern hortet man Vorräte für spätere Zeiten. In Ihnen sammeln Sie Verbindungen, für jetzt und später, für sich und andere. Weil Sie zugehört haben, weil Sie an Gesprächen ernsthaft teilgenommen haben, wissen Sie, was Ihre Mitmenschen tun, welchen Einfluss sie besitzen, was sie bewegen können. Sie wissen auch, mit welchen Ideen oder Problemen sie sich zurzeit beschäftigen. Sie kennen sich aus in ihrer Erlebniswelt, wissen, welche Kontakte sie haben und wie sie diese einsetzen. Und wenn Sie auch noch wissen, wen und was diese Menschen schätzen oder nicht, dann ist Ihr Klüngelspeicher schon ein wertvolles Depot geworden, aus dem Sie für sich und andere Ihre Verbindungen bei Bedarf hervorholen können.

Das sind dann die Kontakte, die es Ihnen ermöglichen, jemanden anzusprechen, der in der Firma arbeitet, der Sie Ihr Angebot machen wollen, oder zu der jemand aus Ihrem Umfeld einen Zugang sucht. Das sind dann die Namen, auf die Sie zurückgreifen können, wenn Sie in einem Amt lieber etwas persönlich besprechen wollen, als es auf dem allzu langen Dienstweg zu versuchen.

Die Merkmale des «aktiven Zuhörens» — Versierte Klünglerinnen hören nicht einfach nur zu, sie hören «aktiv» zu. Das klingt vielleicht etwas widersprüchlich, ist aber leicht zu erklären: Wer aktiv zuhört, hält das Gespräch in Gang, ermuntert, fragt nach, ist ganz bei der Sache.

- *Stellen Sie sich auf das Gespräch ein*
  Konzentrieren Sie sich geistig und emotional auf Ihre Gesprächspartnerin. Stellen Sie sich auf den Inhalt des

Gesprächs ein. Wenn Sie sich in Gedanken mit anderen Dingen beschäftigen, wird Ihre Gesprächspartnerin das schnell merken. Folgen Sie ihren Gedanken und formulieren Sie nicht gleichzeitig schon Ihr eigenes Statement.

- *Wenden Sie sich körperlich Ihrem Gegenüber zu*
  Ihre Körperhaltung zeigt Ihre Aufmerksamkeit. Wenn Sie allzu lässig in Ihrem Stuhl hängen oder nervös von einem Bein auf das andere treten, wenn der Stapel Papier, der vor Ihnen liegt, oder der Inhalt Ihres Weinglases Sie mehr zu interessieren scheint als das Gespräch, dann vermitteln Sie das, auch wenn Sie noch so viele Fragen stellen. Sie senden eine Doppelbotschaft, und die Botschaft, die Sie mit Ihrer Körperhaltung senden, wird stärker wahrgenommen als das, was Sie sagen. Zeigen Sie daher auch körperliche Präsenz.
- *Stellen Sie Blickkontakt her*
  Über den Blickkontakt schaffen Sie eine Verbindung, zeigen Sie Ihre Aufmerksamkeit. Wenn Sie beim Reden bemerken, dass Ihre Gesprächspartnerin ständig irgendwohin schaut – zu ihrem Nachbarn, auf die Uhr, nur nicht auf Sie –, dann wissen Sie: Die tut nur so, als ob sie zuhört. Das kann ganz schön verletzen. Der Blickkontakt – kein Anstarren! – kann Freude, Zustimmung, Sympathie ausdrücken und ermuntert Ihr Gegenüber zum Weiterreden.
- *Zeigen Sie Gesten der Zustimmung*
  Geben Sie gelegentlich zustimmende Zeichen. Signalisieren Sie durch ein Kopfnicken, dass Sie dem Gespräch folgen. Nicken kann auch ein Zeichen des Einverständnisses sein. Sie spornen damit Ihr Gegenüber zum Weiterreden an, was Sie sich in dieser Situation ja auch wünschen. Wenn Sie allerdings befürchten, nur «zuge-

quatscht» zu werden, lassen Sie es. Auf diese Situation kommen wir noch zu sprechen.

- *Spenden Sie verbale Anerkennung*
  Bestätigen Sie, dass das Gesagte bei Ihnen angekommen ist. «Ich verstehe, was Sie sagen. Ich kann es nachvollziehen.» Sie können damit ausdrücken, dass die Worte von Ihnen richtig verstanden wurden, Sie können aber auch Anerkennung, Lob, Bewunderung vermitteln.
  Das muss nicht bedeuten, dass Sie der gleichen Meinung sind oder die gleiche Erfahrung gemacht haben wie Ihre Gesprächspartnerin. Ihre Zustimmung kann sich darauf beziehen, dass Sie den Standpunkt Ihrer Gesprächspartnerin aus deren Blickwinkel nachvollziehen können, ohne ihn teilen zu müssen. Wir verfallen manchmal dem Glauben, die Argumente der anderen unbedingt widerlegen oder ausräumen zu müssen. Sicher, es gibt Situationen, in denen das wichtig ist. Aber Ihre Unterhaltung soll ein Austausch werden, kein Machtkampf darum, wer nun Recht hat. Zwei verschiedene Ansichten können auch einfach nebeneinander existieren. Beim Klüngeln suchen Sie Partnerinnen, und die haben manchmal andere Erfahrungen, andere Meinungen als Sie. Bei guten Klüngelpartnerschaften schließt sich das nicht aus, es ergänzt sich.
- *Machen Sie eine Pause, bevor Sie antworten*
  Lassen Sie eine Minipause nach dem letzten Satz Ihrer Gesprächspartnerin entstehen. So kann sich das Gesagte bei Ihnen setzen, und Ihr Gegenüber hat nicht das Gefühl, von Ihren Antworten überrollt zu werden.

Fragen ergänzen «aktives Zuhören» — Stellen Sie sich vor, Sie reden über ein Thema, Ihr Gegenüber schaut sie an, zeigt Aufmerksamkeit, aber fragt nicht ein einziges

Mal an irgendeiner Stelle nach. Hat sie nun alles verstanden, ist wirklich alles so klar geworden, habe ich sie gelangweilt oder erdrückt? Fragen drücken ein Interesse aus. Es freut uns, wenn jemand wirklich zuhört, und es regt das Gespräch an. Wenn Sie keine Fragen stellen, kann das leicht als Desinteresse gedeutet werden. Mit Fragen beugen Sie dem Eindruck vor, das Thema interessiere Sie gar nicht. Wenn Sie Ihrer Gesprächspartnerin deutlich machen wollen, dass Ihnen an dem Gespräch etwas liegt, fragen Sie nach. «Wenn ich Sie recht verstanden habe, meinen Sie…?» Stellen Sie auch Gemeinsames oder Gegensätzliches fest, etwa so: «Wir haben in unserem Team das gleiche Problem und ich sehe, Sie suchen ähnliche Lösungen.» Fragen halten ein Gespräch in Gang, an dessen Fortsetzung Ihnen liegt.

- *Warum-Fragen*

  Vorsicht bei «Warum-Fragen». Dahinter verbirgt sich oft ein Urteil, eine versteckte Wertung. Sie wollen Ihre Gesprächspartnerin schließlich nicht in die Defensive treiben, sondern einen guten Kontakt herstellen.

  «Warum haben Sie die Gastgeberin nicht darauf hingewiesen?» könnte auch so viel heißen wie «Das hätten Sie aber dringend tun müssen!».

  «Warum ist Ihnen das denn nicht selbst eingefallen?» Daraus kann man heraushören: «Ganz schön dumm von Ihnen!»

  «Warum haben Sie das nicht gleich gesagt?» klingt wie: «Jetzt nutzt es auch nichts mehr…»

- *Wie-Fragen*

  Um mehr über persönliche Einstellungen, Meinungen oder Hintergründe zu erfahren, helfen «Wie-Fragen»: «Wie haben Sie das geschafft?» – «Wie stehen Sie dazu?» – «Wie machen Sie das?»

Damit vermitteln Sie Wissensdurst, die Neugier der Klünglerin. Wenn Sie Ihr Gegenüber dazu ermuntern wollen, noch mehr ins Detail zu gehen, sind «Wie-Fragen» dafür am besten geeignet.

- *Offene Fragen*
  Stellen Sie «offene Fragen», also solche, die nicht nur mit ja oder nein zu beantworten sind, damit ein Gesprächsfluss entstehen kann. Auf die Frage «Ist Herr X Ihr Kollege?» werden Sie vermutlich ein kurzes Ja oder Nein zur Antwort bekommen. Mehr erfahren Sie mit der Frage «Woher kennen Sie Herrn X?» – Auch mit: «Kommen Sie immer zu diesen Treffen?» erhalten Sie als Antwort ein kurzes Ja, und das Gespräch erstirbt. «Welches besondere Interesse haben Sie an diesem Treffen?» trifft den Kern besser, und schon sind Sie im Gespräch.
- *Fragen einbinden*
  Binden Sie Ihre Fragen mit einer einleitenden Erklärung in das Gespräch ein, damit die anderen den Grund für Ihr Interesse erkennen können und sich nicht ausgefragt fühlen. Der kurzen Frage: «Was kostet denn in Ihrem Restaurant eine Flasche Champagner? …» kann kaum entnommen werden, dass hier jemand vorsichtig wegen einer geplanten Festveranstaltung anfragen will. Besser ist: «Ich höre, Sie bieten auch Säle für kleinere Veranstaltungen an. Zu meinem Geburtstag möchte ich einen Sektempfang geben. Ich würde mich gerne einmal mit Ihnen über den Kostenrahmen unterhalten.» Da antwortet man doch gleich viel lieber.
- *Vorsicht: Entwertende Bemerkungen*
  Womöglich merken wir es selbst nicht einmal, aber manchmal kommentieren wir Gehörtes mit Bemerkungen, die entwerten, herabwürdigen oder in Frage stellen. «Ich hätte Ihnen mehr Intelligenz zugetraut.» Wer

schnappt da nicht gleich ein? «Da sind Sie aber ganz schön ins Fettnäpfchen getreten. Sie sind doch sonst so einfühlsam.» – Als wenn die Person, die ihr Missgeschick erzählt, das nicht selbst wüsste. «Ist das wirklich Ihre Idee gewesen?» – Nach solchen Bemerkungen schottet sich Ihr Gegenüber vermutlich endgültig ab.

- *Vorsicht: Überfälle*

  Jede Frage setzt Einfühlungsvermögen voraus. Eigentlich ist das selbstverständlich, aber manchmal kann die Neugier übermächtig werden, und wir überfallen einen Menschen geradezu mit Fragen, löchern ihn – und wundern uns über seine abwehrende Reaktion. Die Chefin der großen Werbeagentur, die von einer begeisterten Designstudentin sofort nach der Höhe des Werbeetats ihres größten Kunden befragt wurde, reagierte mit äußerster Zurückhaltung. Und als die Ärztin von einer rheumageplagten Tischnachbarin mit Fragen zum Stand der Medizin geradezu gelöchert wurde, verließ Sie die Runde.

  Von solch eklatanten Überfällen aber einmal abgesehen: Fast alle Menschen freuen sich über das Interesse anderer. Es schmeichelt ihnen und nährt das Selbstwertgefühl.

- *Bedanken Sie sich*

  «Wir danken Ihnen für das Gespräch!» kennen wir hauptsächlich als Abschiedsfloskel nach Interviews. Dabei müsste ein solcher Dank eigentlich auch bei privaten Gesprächen selbstverständlich sein. Wenn das Gespräch Freude gemacht hat oder Sie etwas Wichtiges erfahren haben: Bedanken Sie sich. Ein Dank ist auch ein Lob. Und das hört jeder gern.

Die Klünglerin lenkt das Gespräch — Sind Ihnen beim Lesen des Textes über «aktives Zuhören» irgendwann mit Unbehagen jene Menschen eingefallen, die ohne Unterbrechung eine Geschichte an die andere reihen? Oder die durch minutiöse Beschreibung endloser Details fürchterlich langweilen?

Sie können aufgeben, Sie können sich abwenden, aber möglicherweise liegt Ihnen ausgerechnet etwas an dieser Person. Sie brauchen Sie für dies oder jenes, möchten etwas von ihr wissen oder erbitten.

Mit gezielten Fragen können Sie versuchen, ihren Redefluss zu stoppen oder die Aufzählung weiterer Details verhindern, um das Gespräch in eine neue Richtung zu lenken.

Fragen sind ein Steuerungsinstrument. Mit gezielten Fragen richtet die Klünglerin das Gespräch auf die Punkte aus, zu denen sie interessante Informationen erwartet, oder zu denen sie selbst eine wichtige Frage loswerden kann. Mit Fragen können Sie ebenso gut Ihr Interesse einbringen wie auf Ihre Kompetenzen aufmerksam machen. Der Katalog von der Art Cologne im Büro Ihrer Gesprächspartnerin kann Sie vermuten lassen, dass sie die Kunstmesse besucht hat. Mag sie moderne Kunst? Fragen Sie danach – wenn Sie selbst etwas davon verstehen.

{ Eine Nachbarin war gestorben, ihr Neffe erbte die Wohnung. Wir erfuhren, dass er die Wohnung eigentlich verkaufen wollte. Der Kioskbesitzer an der Ecke hatte gehört, dass ein Makler eingeschaltet werden solle, der junge Mann wolle nicht, dass darüber geredet werde. Weil eine Freundin von uns nach einer Wohnung suchte, versuchten wir herauszufinden, was der junge Mann genau vorhatte. Wir trafen ihn auf einer Hausversammlung, aber er redete nur von seinem Geschäft: Herrenmode international. Wir hörten uns geduldig alle Geschichten von Messen in Düsseldorf und Hongkong an, erlitten mit ihm die Qual der Stoffauswahl und der weiten Reisen.

«Kommen Sie bei diesen vielen Reisen eigentlich überhaupt noch nach Hause?», fragte ich. «Selten genug», sagte er. Schon hatte er uns gedanklich wieder auf eine Messe verschleppt. Wir mussten uns nachdrücklicher bemerkbar machen.

«Pardon – aber ich muss noch einmal darauf zurückkommen: Lohnt es sich für Sie überhaupt, hier eine Wohnung zu halten? Für Sie wäre es sicher besser, Sie kauften sich etwas direkt auf dem Messegelände?»

Nein, auf das Messegelände wolle er nicht ziehen, aber die Wohnung wolle er tatsächlich verkaufen.

Uff, das war's, was wir wissen wollten. Bei dem Thema sind wir dann eine Weile geblieben. Wir konnten ihm sogar bis zum Besichtigungstermin mit unserer Freundin den Makler ausreden. Dass ihr die Wohnung dann leider doch nicht gefiel, war schade.

Die Schüchternheit besiegen — Fragen sind überdies eine gute Möglichkeit, sich in eine Unterhaltung einzuklinken. Ein solcher Einstieg fällt vor allem schüchternen Frauen leichter. Irgendeinen Kommentar abzugeben, selbst wenn er noch so klug ist, erscheint ihnen aufdringlich oder überflüssig. Aber hinter Fragen steht ein Interesse, und das eigene Interesse kann die Schüchternheit in den Hintergrund drängen. Vor kurzem erzählte ein Brauereibesitzer, dass seine Firma ungeheure Umsätze über Merchandise-Artikel macht. Er verkauft sie nicht im eigenen Laden und mit eigenem Personal, sondern hat die Aufgabe einer Firma im Sauerland übertragen. Mitten in seine euphorischen Beschreibung platzte eine junge Frau mit hochrotem Kopf: «Sie entschuldigen, aber genau das suche ich seit einem Jahr! Darf ich Sie einmal näher fragen, wie Ihre Kooperation mit dieser Firma abläuft? Wo lagern die Artikel, wer bestellt sie …?» Sie hatte noch eine Menge Fragen. Die Frau war offensichtlich selbst überrascht von ihrem Vorstoß. Aber die Aufregung darüber, endlich erfahren zu können, wonach sie schon seit langem forschte, ließ sie ihre Hemmungen überwinden. Und der Erfolg wird sie in Zukunft sicher mutiger sein lassen.

Sie müssen sich nicht langweilen — Ein Gespräch durch Fragen zu steuern bringt zudem einen unschätzbaren Zusatzvorteil: Sie müssen sich nicht langweilen. Wenn andere etwas erzählen, das Sie nicht interessiert, dirigieren Sie das Gespräch mit Ihren Fragen einfach um.

Machen Sie sich übungshalber ruhig einen Spaß daraus, jemanden davon abzubringen, ein allgemein nervendes Thema weiterzuverfolgen. Überlegen Sie sich, in welche Richtung Sie die Unterhaltung steuern wollen, damit Sie selbst etwas davon haben.

Eine Frau erzählt etwa ausgiebig von ihrem ständigen Ärger mit Kollegen, die Sie nicht einmal kennen. Sie möchten aber eigentlich wissen, was die Firma, in der sie arbeitet, genau macht. «So viel Inkompetenz um Sie herum ist wirklich erschreckend. Hält Sie das nicht sehr bei Ihrer Arbeit auf? Darf ich Sie fragen, was Ihr Unternehmen eigentlich herstellt, wenn Sie sich nicht gerade gegenseitig das Leben schwer machen?»

Oder ein älterer Herr erzählt eingehend von seiner Gallenblasenoperation. Sie möchten aber von seiner Frau wissen, wer die eigenen Hecken in ihrem Garten schneidet, denn Ihre Hecken hätten ebenfalls ein wenig Pflege nötig.

«Haben Sie im Krankenhaus eigentlich mitbekommen, wie in der Zwischenzeit alles gewachsen ist? Unsere Hecken wuchern über alles hinweg. Ach ja, Frau X, das wollte ich Sie immer schon fragen …»

Zugegeben, das klingt ein bisschen nach Kabarett. Aber sich endlose Geschichten anhören zu müssen mit dem bangen Gefühl, dass Ihr Thema heute gar nicht mehr angesprochen wird, kann ebenfalls zu einer kabarettreifen Nummer werden. Da ist es immer noch besser, selbst im Stück eine Rolle zu spielen.

Sie dürfen sich verabschieden — Es nervt Sie jemand mit den technischen Details seines neuen digitalen Fotoapparates. Sie sagen ganz ruhig: «Ihre Kamera bietet sicher hervorragende technischen Feinheiten, von denen ich leider überhaupt nichts verstehe. Mich interessiert weitaus mehr, welche Reiseroute Sie diesmal durch Indien unternommen haben.» Eine ähnliche Situation habe ich einmal erlebt, und nach knapp zwei Minuten begann der Indienreisende, mir mit entnervender Genauigkeit zu erzählen, welche Blendeneinstellungen zu beachten sind, wenn bei Sonnenuntergang die Elefanten vorbeiziehen. Manchmal klappt es eben auch mit der geschicktesten Gesprächsführung nicht.

Wenn Sie gar nicht weiterkommen, verabschieden Sie sich freundlich und ohne Hemmungen. Sie brauchen sich nicht «zuquatschen zu lassen», schließlich sind Sie nicht die Kommunikationsablage für andere. Mit Mitleid geben Sie dem anderen nur zu verstehen, dass Sie seine Art zu kommunizieren anspricht. Zu Ihrem Schrecken wird er sich bei nächster Gelegenheit wieder auf sie stürzen, denn das Gespräch mit Ihnen über digitale Ohrstöpsel war doch so angenehm.

Verabschieden Sie sich freundlich und ohne Skrupel, notfalls mit einer Notlüge wie «Ich sehe dort gerade eine alte Freundin, die habe ich seit Jahren nicht gesehen ...» Gestatten Sie sich diese kleine Ungehörigkeit, es ist Ihre Zeit, die Sie einsetzen, und Ihr Ärger, den Sie mit nach Hause schleppen. Sie wollen sich keinen Monolog aufzwingen lassen, sondern mit anderen tatsächlich in einen Dialog treten. Es sind noch andere da, auf die Sie neugierig sind und die Ihnen sicher mehr Wertschätzung in ihrer Kommunikation entgegenbringen.

Merken Sie sich Einzelheiten

Gestern Abend auf der Feier: Wen haben Sie da kennen gelernt? Wissen Sie es noch? Können Sie sich erinnern? Der Notar, der die Bürgerinitiative gegründet hat, die Nichte der Gastgeberin, die fünf Monate in Australien war und dort eine Menge Leute kennt, ihr Bruder, der in Amerika studiert hat und jetzt in Berlin eine Firma aufbaut? Wie hießen die noch mal? Welche Firma war das denn bloß?

Sie lernen überall neue Menschen kennen, Sie treffen sie auf Veranstaltungen, Reisen, Ausstellungen, auf privaten Feiern. Irgendwann, vielleicht schon recht bald, werden Sie auf Ihre neuen Kontakte zurückgreifen wollen. Und dann fehlen Ihnen die Namen.

Namen sind das A und O

Merken Sie sich Namen. Ganz bewusst und systematisch. Trainieren Sie Ihr Namensgedächtnis.

Nehmen Sie sich einen kleinen Moment Zeit, den Namen, den Sie gerade gehört haben, genau wahrzunehmen und kurz in sich nachklingen zu lassen.

Hören Sie, wie es klingt, wenn jemand seinen Namen ausspricht? Ist der Name ein- oder mehrsilbig? Welche Vorstellung löst er bei Ihnen aus? Können Sie an einen anderen Namen anknüpfen? Vornamen verknüpfe ich oft mit einer mir bekannten Person gleichen Namens. «Dagmar… aha… wie Dagmar aus Berlin.» Bei mir hilft es.

Alle Assoziation, die Ihnen einfallen, sind hilfreich, um sich einen Namen zu merken. Je witziger die gedankliche Verknüpfung, desto leichter ist die Erinnerung. Etwa der Name Laufenberg: ein laufender Berg mit Füßen.

Im Übrigen ist es selten das Gedächtnis, das uns beim Registrieren von Namen verlässt – oft kommen Namen dort gar nicht erst an.

Bei der Vorstellung werden Namen häufig nur genuschelt, sorglos, als ob es nicht darauf ankäme. Nachfragen ist das einzig Richtige: «Entschuldigung, könnten Sie mir Ihren Namen bitte noch einmal nennen, ich habe ihn nicht verstanden.» Aber warum auch immer, oft fragen wir eben doch nicht nach, bringen womöglich nicht einmal unseren eigenen Namen klar und deutlich herüber. In unserem Gedächtnis verhakt sich nichts, in dem der anderen auch nicht. Wer das war? Keine Ahnung. Keine Eintragung ins Notizbuch möglich. Keine anschließenden Klüngelkontakte, höchstens nachträglich und mühsam über andere, die unsere Wissenslücke füllen können.

Pflegen Sie Ihr Notizbuch

Die sicherste Mnemotechnik ist immer noch das Notizbuch. Bei Geschäftsverbindungen oder bei beruflich wichtigen Adressen ist es immer gut, die neuen Kontakte in einer Kartei oder in einer Adressendatenbank systematisch zu erfassen und zu pflegen.

Legen Sie sich eine «Klüngel-Kartei» an, etwa ein Ringbuch. Wen immer Sie bei irgendwelchen Anlässen kennen lernen, tragen Sie ihn oder sie hier ein. Vermerken Sie nicht nur den Namen, sondern auch den Bereich, in dem diese Person tätig ist und der Ihr besonderes Interesse findet, etwa den Beruf, besondere Geschäftsbereiche, Nebentätigkeiten, Verbände oder Vereine, denen sie angehört. Beruf und Nebentätigkeiten können sie etwa so kategorisieren: Bau, Behörde, EDV, Finanzen/Versicherungen, Garten/Kochen, Kunst/Kultur, Reisen, Verwaltung, Sonstiges.

Wichtig ist ein kurzer Vermerk, bei welchem Anlass Sie die Person kennen gelernt haben. Das hat den Vorteil, dass Sie nach Monaten nicht hilflos auf eine Eintragung schauen, die Sie nicht mehr unterbringen können.

Nach welchem System Sie Ihre Seiten sortieren, hängt von Ihren Interessen ab. Standardempfehlungen gibt es dafür nicht. Fragen Sie sich, was Ihnen die Datei bringen soll, für welche Schwerpunkte Sie sie einsetzen wollen: für Kundengewinnung, für berufliche Kontakte, für Kunst, Reisen, Handwerk, Sport? Wenn Sie die Datei einige Wochen oder Monate geführt haben, können Sie überprüfen, ob Ihr Ordnungssystem Sie beim Auffinden wichtiger Personen unterstützt. Sonst sollten Sie nach anderen Kriterien sortieren.

So können Sie sich Ihre Klüngel-Kartei anlegen:

Kontakt halten durch: anrufen ☐ einladen ☐ treffen bei…

Privat

Name, Vorname, Titel ______________________

Adresse ....

Fon, Fax, E-Mail ....

Geburtsdatum: ....

Kennen gelernt am .... bei ....

bei Selbständigen:

Firma ....

Produkt-/Dienstleistungsangebot ....

Adresse ....

Fon, Fax, E-Mail, Website ....

bei Angestellten:

Beruf/Schwerpunkt/Position ....

bei der Firma/Einrichtung/Amt ....

Adresse ....

Fon, Fax, E-Mail ....

Ehrenamtlich tätig als ....

....

Mitglied bei:

Berufs-/Interessenverbänden ....

Vereins-, Clubmitglied ....

Wenn Sie Visitenkarten ausgetauscht haben, heften Sie diese an Ihr Karteiblatt

Persönliches

Freizeitaktivitäten ....

Hobbys/Interessen ....

Bekannten-/Freundeskreis ....

....

Besonderes ....

Geschenkideen ....

Woran würde ich die Person wieder erkennen? ....

....

Sympathisch, weil ....

Worauf könnte ich die Person ansprechen? ....

Was sollte ich auf alle Fälle unterlassen? ....

Kurze Notiz zur ersten Begegnung ....

Kontakt gehalten

1. Kontakt am .... bei ..../ angerufen ☐
(Veranstaltung/Treffen)

Kurznotiz dazu ....

2. Kontakt am .... bei ..../ angerufen ☐
(Veranstaltung/Treffen)

Kurznotiz dazu ....

DIE KLÜNGLERIN TEILT SICH MIT

Reden ist Gold

Sie sind neugierig. Sie hören aktiv zu, Sie speichern ab – und über sich selbst sagen Sie nichts? Dann ist für Ihr Ziel so gut wie nichts erreicht. «Reden ist Gold», gilt in der Klüngelwelt. Im Original ist das Sprichwort für die Klünglerin ungeeignet.

> **Bescheidenheit ist eine Zier,**
> **doch weiter kommt frau ohne ihr.**

Was sich so leicht dahinsagt, stößt in der praktischen Umsetzung auf Probleme. Ausgerechnet unsere «gute Erziehung» kommt uns nicht selten in die Quere. Dazu gehörte es, Mädchen dazu anzuhalten, sich nicht in den Vordergrund zu rücken, stattdessen zurückhaltend und hilfsbereit zu sein. Jahre hat es gedauert, bis diese Erziehung bei uns Wirkung zeigte, und Jahre benötigen wir, um sie wieder zu vergessen. Denn das Ergebnis solcher Erziehungsmaßnahmen sind Frauen, denen es schwer fällt, sich selbstbewusst darzustellen und etwas zu fordern. Vor allem scheint ihnen der Gedanke geradezu unverschämt, etwas für sich *selbst* zu fordern.

Haben womöglich auch Sie eine solch «gute Erziehung» genossen? Dann haben Sie vielleicht, wie so viele andere Frauen, aus der Not eine Tugend entwickelt, agieren weiblich-bescheiden im Hintergrund und überlassen anderen die Bühne und die Anerkennung?

Wenn Sie klüngeln wollen, müssen Sie diese Rolle aufgeben. Das gelingt Ihnen vielleicht erst nach und nach, aber fangen Sie unbedingt heute schon an, Ihre neue Rolle für sich zu akzeptieren. Ihr Erfolg als Klünglerin hängt zu einem Großteil davon ab, wie viel Selbstsicherheit Sie ausstrahlen.

Bleiben Sie freundlich, bleiben Sie weiblich – nur eines bleiben Sie beim Klüngeln bitte nicht: bescheiden!

Diese wichtige Erkenntnis müssen Sie in Ihrem künftigen Klünglerinnen-Dasein unbedingt beachten, auch wenn Ihre Großmutter heftig widerspricht. Anhand von Beispielen zeigen wir Ihnen, was passiert, wenn Sie «bescheiden» sind und nicht zur rechten Zeit den Mund aufmachen:

{ Auf der Geburtstagsfeier einer Freundin stand ich lange Zeit bei einer Gruppe, in der sich verschiedene Menschen über das Bauen unterhielten. Ein bärtiger Architekt wusste viele Geschichten aus seinem langen Berufsleben zu erzählen, beschrieb dabei ganz nebenbei die extravaganten Häuser, die er entworfen und gebaut hatte, und versorgte uns mit wunderbaren Anekdoten über seine recht kauzigen Auftraggeber. Ihm hätte ich sofort den Auftrag für meinen Hausbau anvertraut, wenn ich so etwas vorgehabt hätte.

Zufällig erfuhr ich Tage später, dass die junge Frau, die auf der Feier neben mir gestanden hatte, ebenfalls Architektin war. Sie hatte den Umbau im Haus meiner Freundin geleitet, brillante Ideen dabei entwickelt – und auf der Feier kein Wort davon erwähnt. «Ich hätte an manchen Stellen gern etwas gesagt ... aber es hätte so angeberisch ausgesehen, wenn ich auch noch von mir erzählt hätte...»

Hätte es überhaupt nicht. Mich hätte es neugierig gemacht. Da waren ein paar Details, die mich sehr interessierten. Ich hätte auf jeden Fall eine Visitenkarte erbeten und ihr meine gegeben. Vielleicht baue ich ja auch mal um. Chance verpasst!

Würden Sie sich in einer Gruppe ähnlich verhalten? Gruppen, zumal solche, in denen über Ihr ureigenes Sachgebiet gesprochen wird, sind eine wunderbare Gelegenheit, sich ins Gespräch zu bringen. Hier besteht die Chance, die unterschiedlichsten Menschen auf sich aufmerksam zu machen. Sie könnten Ihre künftigen Auftraggeber werden oder die Vermittler für künftige Aufträge, Ratsuchende oder Ratgebende – also lauter Klüngelpartner in spe. Erst im Gespräch wird sich herausstellen, auf wen Sie da eventuell gestoßen sind. Deshalb müssen Sie sich buchstäblich ins Gespräch bringen.

Seltsamerweise sind bescheidene Frauen oft von der Vorstellung durchdrungen, dass ihr Talent und ihre Fähigkeiten sich in aller Stille auch ohne Worte zeigen. Sie sagen nichts, sie drängen sich niemals vor – aber dennoch erwarten sie insgeheim, dass die Umwelt auf geheimnisvolle Weise erkennt, zu welchen Leistungen sie fähig sind. Und auf dieselbe geheimnisvolle Weise sollen auch ihre Wünsche erahnt, ihre Träume erfüllt werden. Leider waren Märchenprinzen und gute Feen in unseren Breiten immer schon ziemlich unzuverlässige Partner; wir sollten sie daher für unsere Klüngel-Strategie nicht ernsthaft in Betracht ziehen.

Kontakte ohne Nutzen — Ich habe eine Freundin, eine ausgebildete Konzertpianistin mit einem geradezu erstaunlichen Repertoire. Ihr Mann ist erfolgreich in der

Medienbranche tätig, der Freund ihres Sohnes besitzt ein eigenes Tonstudio, sie kennt eine Menge einflussreicher Leute – und sie erwähnt niemals auch nur mit einem Wort, dass Sie nach langer Bühnenabstinenz wieder ein Engagement sucht oder wenigstens die Gelegenheit, ein Konzert geben zu können. Sie fragt nicht, sie bittet nicht, sie redet nicht über ihren Wunsch, sie rückt sich an geeigneter Stelle nicht ins Licht. Sie wünscht sich, dass die anderen von selbst bemerken, was sie sich wünscht.

Wieder einmal zeigen sich die Folgen des «Nicht-Redens», des bescheidenen Schweigens über sich selbst. Der Wunsch, «entdeckt» zu werden, ein Engagement zu erhalten, wird nicht ausgesprochen und damit auch nicht gehört. Oft wenden diese Frauen verschämt ein: «Das ist mir peinlich» – aber warum eigentlich? Wir akzeptieren die Agentin, die ihre Künstlerinnen vermittelt, wir finden nichts Anstößiges bei dem Gedanken, uns für andere mit unseren Klüngelkontakten einzusetzen. Warum sollte es peinlich sein, im geeigneten Moment auch die eigenen Interessen zu vertreten? Da wären wir dann wieder bei der alten Frauenrolle: «Für andere tue ich alles Menschenmögliche – für mich selbst brauche ich nichts.» Aber natürlich sucht sie etwas für sich, die Bühne, den Konzertsaal, das Ensemble – sie traut sich nur nicht, es zu sagen! Die Klünglerin sucht Kontakte, um sie zu nutzen, nicht um sie zu übersehen. Wenn solche Kontakte vorhanden sind – umso besser. Erst wenn wir uns das Bedürfnis nach Hilfe eingestehen, können wir um Unterstützung bitten.

Ein Augenaufschlag genügt nicht immer — Alles, was Ihre Umwelt über Ihre Person zur Kenntnis nimmt, hängt von dem ab, was Sie verbal und nonverbal übermitteln. Das Nonverbale lassen wir hier außer Acht; nonverbal lassen sich vortrefflich Gefühle wie, Liebe, Überdruss, Langeweile vermitteln. Da reicht manchmal ein bestimmter Gesichtsausdruck.

Zur direkten Übermittlung von Wünschen, zur Anmeldung von Forderungen oder zur Vorstellung von Fähigkeiten ist diese Strategie ungeeignet. Ein Augenaufschlag genügt nicht, wenn Sie auf Ihr nächstes Seminar aufmerksam machen wollen oder auf Ihren neu eröffneten Laden. Oder auf Ihren Wunsch, die Abteilung zu wechseln. Ebenso wenig aber genügt stiller Fleiß.

Nehmen wir einmal an, Sie arbeiten irgendwo als hoffnungsvolle Nachwuchskraft. Sie sind fleißig, und nur wenn Sie gefragt werden, berichten Sie von dem, was Sie täglich für die Firma tun. Es fragt aber kaum jemand,

schließlich klappt es ja auch so. An Besprechungen nehmen Sie nur ungern teil, weil Sie so viel zu tun haben. Ihre Arbeit lässt Ihnen ohnehin keine Zeit, sich darauf gut vorzubereiten. Gerade weil Sie so fleißig sind, nutzen Sie keine Gelegenheit, sich als Fachfrau zu präsentieren.

Wie, glauben Sie, wird Ihr Verhalten gedeutet? Mit ziemlicher Sicherheit werden andere – ihre Vorgesetzten, ihre Kolleginnen – annehmen, dass hier ein bewundernswert fleißiges Lieschen im Hintergrund arbeitet, offensichtlich ergeben in ihr Arbeits-Schicksal. Zuverlässig, ja, aber nicht sehr kooperativ. Da Sie sich nicht in den Vordergrund spielen, wollen Sie dort offenbar auch nicht hin. Für die stille, fleißige, unauffällige Arbeit wird Ihnen nur sehr still und überaus unauffällig gedankt.

Arbeite und rede darüber — Ganz sicher kommt niemandem in der Firma der Gedanke, das fleißige Lieschen in irgendein Klüngelnetz einzubeziehen. Wer hätte auch etwas davon? Während sie arbeitet, werden rundherum Netze gewoben, wird geklüngelt, was das Zeug hält. Neue Ämter, neue Positionen, interessante Versetzungen deuten sich an. Für das fleißige Lieschen sind solche Informationen nur lästige Störfaktoren. Solidarische Aufnahme in ein Klüngelnetz, nur weil Sie fleißig sind – vergessen Sie's.

Sie haben eine Grundregel des Klüngelns missachtet: «Die Klünglerin teilt sich mit.»

**Was Sie sind, was Sie können,
was Sie wollen – nur von Ihnen können es Ihre
Klüngelpartnerinnen erfahren.**

Erkennen Sie Ihren Wert

Aus welchem Blickwinkel zeigen Sie sich? Welches Bild vermitteln Sie von Ihrem Können? Welches Bild vermitteln Sie von Ihrer Arbeit, von dem, was Sie tun und was Sie damit erreichen?

Im Club der Klünglerinnen haben diejenigen die größten Möglichkeiten, die von ihrer eigenen Arbeit, ihrem eigenen Tun überzeugt sind und das auch deutlich zeigen. Werden Sie sich dessen bewusst, was Sie leisten. Klopfen Sie sich selbst ruhig einmal auf die Schultern, wenn Sie finden, dass Ihnen wieder etwas besonders gut gelungen ist.

Seien Sie überzeugt von sich — Ich kenne einen Maler, der seit Jahren immer dasselbe malt, ein bestimmtes Motiv in endlosen Wiederholungen. Davon ist er so überzeugt, dass er jeden damit ansteckt. Er stellt jetzt in Zürich aus und ist demnächst auf der Kunstmesse in Basel vertreten. Sein ebenso überzeugter Galerist hat mit seiner Euphorie einen Museumsdirektor infiziert, der jetzt ernsthaft über einen Ankauf nachdenkt. Nun muss das für die Geldbewilligung zuständige Gremium noch zustimmen, aber ich bin sicher, dass auch die Geldgeber sich überzeugen lassen. Hätte der Maler gedacht: «Ich wiederhole mich ständig. Eigentlich müsste ich mal etwas anderes schaffen.» Wen hätte er damit für sich einnehmen können? Niemand

Hüten Sie sich, Ihre Ansprüche an sich selbst zu hoch zu stecken. Wir Frauen neigen zu solcher Überforderung. Damit verhindern wir, dass wir uns jemals richtig gut finden. Und das signalisieren wir auch unserer Umwelt.

Auf diese Weise begeistern wir keine Galeristin, keine Museumsfachleute, keine Vorgesetzten und keine Kunden.

Ob Sie in einem Unternehmen die Buchhaltung erledigen, Telefonate für den Chef vorsortieren oder den globalen Expansionserfolg einleiten: Die Wertschätzung Ihrer Arbeit hängt nicht allein von ihrem Inhalt ab, sondern vor allem davon, wie Sie selbst sie bewerten. Sie selbst haben es in der Hand, ob die anderen Ihr Klüngelpotenzial entdecken können oder nicht.

Seien Sie überzeugt von Ihrer Arbeit — Gehören Sie zu denjenigen, die ihre Arbeit nur erledigen, damit sie getan ist? Wie denken Sie nach getaner Arbeit über Ihre Leistung? Stöhnen Sie: «Endlich erledigt, abgehakt, abgelegt – und gleich weiter zur nächsten Aufgabe, denn auch die muss noch erledigt werden»? Wenn Sie es nicht genießen, etwas geschafft zu haben, werden Sie darüber auch nicht mit Freude berichten. Fragen Sie sich, wie wichtig Ihnen Ihre Arbeit ist: Ist das, was Sie tun, für Sie «der Rede wert»? Wenn nicht, wie sollen dann andere Ihr Potenzial erkennen?

Am besten lässt es sich an einem Beispiel zeigen, wie unterschiedlich der Eindruck sein kann, den Sie über den Wert Ihrer Arbeit und Ihres Klüngelpotenzials vermitteln.

Nehmen wir eine Kantinenköchin.

Sie kann sagen: «Ich koche täglich für viele Leute, jeden Mittag Küchendunst, immer die gleiche Hektik. Dabei versuchen wir auch noch abwechslungsreich zu sein, und das bei dem Massenbetrieb.» Welches Klüngelpotenzial, schafft sich diese Köchin, die vermutlich umsichtig und kompetent arbeitet, mit dieser eigenen Wertschätzung? Ganz einfach: keines.

Denn als «Klüngelpotenzial» bietet sie nur Küchendunst, Hektik, Massenbetrieb an. Kein Wort davon, was sie täglich leistet, kein Wort darüber, ob die Küche gut ist, was die Mitarbeiterinnen sagen, wie die Resonanz ist. Entweder sie stapelt tief, oder sie hat von ihrer Tätigkeit wirklich eine ganz negative Meinung. Beides ist schlecht für den Erfolg.

Und jetzt noch einmal dieselbe Köchin, die ihre Arbeit ganz anders bewertet:

«Ich mache jeden Mittag mit meinem Team fünfhundert Leute satt. Das heißt, wir vollbringen jeden Tag eine logistische Meisterleistung, von der Menüplanung bis zur Menüausgabe. Ich habe sogar noch eine Salattheke und ein vegetarisches Menü eingeführt. Ich glaube, dass wir für eine solch große Küche ungewöhnlich gut und abwechslungsreich kochen. Jedenfalls weiß ich, dass unser Essen sehr geschätzt wird.»

Diese Köchin schafft sich mit ihrer eigenen Wertschätzung ein sehr umfassendes Klüngelpotenzial:

- Sie leitet ein Team.
- Sie trägt große Verantwortung.
- Sie beherrscht die Logistik einer Großküche.
- Sie nimmt sich trotz hoher Belastung Zeit für kulinarische Einfälle und Kreativität.

Sie ist also Ansprechpartnerin für alles, was mit «großen Essen» zu tun hat, sie kann organisieren, hat Ideen, kennt Lieferanten, kennt den Markt.

{ Ulf ist in einem klassischen Großbetrieb der Chefkoch und damit zuständig für Einkauf, Menügestaltung und Küchenabläufe jeglicher Art. Er ist in der Küche reichlich beschäftigt, was ihn nicht daran hindert, jeden Mittag mit strahlendem Gesicht an den verschiedenen Ausgabetresen zu stehen und nachzusehen, ob alle zufrieden sind. Er holt sich dort sein Lob ab, und er bekommt es reichlich. Ulf fuhr vor Jahren einmal in die Karibik. Er sah sich auf seinem Dampfer auch interessiert die Küche an. Dabei erzählte er begeistert von «seiner» Küche zu Hause, kam mit Personal und Kapitän ins Gespräch, kochte «aus Jux» auch einmal mit und wurde empfohlen. Ulf verbringt jetzt jedes Jahr fünf Wochen umsonst auf einer privaten Luxusyacht, kocht dort dreimal in der Woche und ist ansonsten wie ein Gast aufgenommen. Mittlerweile kennt er die High-Society mit einem gewissen finanziellen Polster. Niemand in der Firma kennt so viele interessante Leute wie er, und alle fürchten, dass er demnächst den Großbetrieb gegen ein Feinschmeckerlokal auf Sylt eintauscht. Neulich hat ihn aus seinem neuen Bekanntenkreis jemand darauf angesprochen. Das Angebot ist sehr verlockend.

Wir haben schon an anderen Stellen betont und werden es noch öfter tun: Beim Klüngeln ist es unerlässlich, die eigenen Fähigkeiten und Stärken wirkungsvoll zu präsentieren. Zum Klüngeln brauchen Sie ein erfolgsgerechtes Image, es ist eine Art «Werbung in eigener Sache», die Ihnen vielleicht zunächst unangenehm ist. Aber die bescheidene Rolle im Hintergrund wollten Sie ja ohnehin vergessen. Es ist weder Protz noch Angeberei, wenn Sie bei passenden Gelegenheiten genau beschreiben, welch gute Arbeit Sie leisten oder was Sie in einem erfolgreichen Moment gesagt und getan haben. Die positive Selbstdarstellung rückt Sie ins rechte Licht, also dorthin, wo Sie selbst stehen sollten.

{ Im gleichen Betrieb wie Ulf arbeitet eine Küchenhilfe, die ihrem Chef in puncto «positive Selbsteinschätzung» in nichts nachsteht. Frau Angerein ist die einzige Küchenhilfe, die fast allen im Betrieb mit Namen bekannt ist. Sie ist die freundlichste am Ausgabetresen, rät zu dieser oder jener Beilage, doch was sie bekannt gemacht hat, ist ihr Einsatz außerhalb der regulären Dienstzeit. Im Betrieb werden viele Festessen für Gäste von außerhalb veranstaltet, es werden Kunstausstellungen eröffnet, Vernissage-Besucher erhalten ihr Glas Sekt, und Frau Angerein ist immer dabei. Strahlend, als sei es ihre eigene Veranstaltung, begrüßt sie die Besucher, wie selbstverständlich überblickt sie, ob alles nach ihren Vorstellungen läuft. Frau Angerein ist dann nicht mehr «Küchenhilfe», sie ist eine Art «Gastgeberin», und den Eindruck vermittelt sie auch.

Diese Frau macht sich nicht klein. «Wer bin ich hier schon? Doch nur die aus der Küche …», käme ihr nie in den Sinn. Die anderen haben ihren Wert – sie hat den ihren. Ohne diese positive Wertschätzung wäre sie wohl kaum so häufig bei privaten Festveranstaltungen engagiert worden, und sie wird ständig weiterempfohlen. Sie kennt sich aus in den Häusern ihrer Chefs, und sollte es je nötig werden, jemanden aus ihrem Umfeld in die Firma zu vermitteln, könnte Frau Angerein sofort helfen.

Seien Sie stolz auf das, was Sie tun — Die vorangegangenen Beispiele haben es gezeigt: Nicht was Sie tun, sondern *wie* Sie es tun, verschafft Ihnen Klüngelpotenzial.

Sie können lauthals über Ihre Steuererklärung jammern, über der Sie drei Tage lang gebrütet haben. Sie können erzählen, wie lästig das alles war, wie Sie sich durch Fachliteratur quälen mussten, durch endlos viele Formulare. Sie können aber auch erzählen, dass Sie es geschafft haben, eine schwierige Materie zu durchdringen, und dass Sie nebenbei einige wichtige Erkenntnisse in Sachen Steuerrecht gewonnen haben.

Es muss natürlich nicht die Steuererklärung sein, die Ihr Klüngelpotenzial anreichert. Aber denken Sie einmal über Erfahrungen nach, die Sie gemacht haben, über die Sie gerne reden und auf die Sie sich gern ansprechen lassen. Alle Ihre Erfahrungen und Leistungen können von anderen angefragt werden, wenn Sie vermitteln, dass Sie für sich selbst einen Wert darin sehen.

Das alles hat im Übrigen noch eine weitere positive Auswirkung: Wenn wir von unserer eigenen Arbeit überzeugt sind, können wir ohne Neid auch die Kompetenzen anderer wertschätzen und auf deren Möglichkeiten zurückgreifen.

So lässt sich gut klüngeln!

Klüngeln bedeutet Kompetenzen tauschen — Kommen wir noch einmal auf die Steuererklärung zurück. Nehmen wir an, zwei Freundinnen haben sich für das Wochenende vorgenommen, die leidige Angelegenheit endlich aus der Welt zu schaffen. Die beiden ergänzen sich gut: Die eine hasst die Arbeit mit Zahlen und Belegen, die andere boxt sich fröhlich durch. Die eine könnte der anderen ihre Unterstützung anbieten – das wäre nett, aber nur die Hälfte eines guten Klüngels. Was könnte die andere zum Ausgleich anbieten, wenn sie die Hilfe annimmt? Das Einfachste wäre, sie zu einem Essen einzuladen. Aber gut geklüngelt wäre das nur, wenn sie zu diesem Essen noch weitere Personen einladen würde, die die Steuerexpertin immer schon einmal kennen lernen wollte, weil sie etwa den Zugang zu dieser oder jener Firma sucht, zu einem

Anwalt oder zu einem Tüftler, der sich mit alten VW-Käfern auskennt, von denen sie selbst einen fährt.

Ein Notar in unserer Gegend hat einige Bekannte in einen exklusiven Golfclub geschleust, als spezielles Dankeschön. Natürlich würde er es selbst niemals «Klüngeln» nennen, aber um in den Club hineinzukommen, braucht man Bürgen; wenn der Notar bürgt, hat man die Mitgliedschaft schon fast in der Tasche. Damit genießt man die Gesellschaft zahlungskräftiger Clubmitglieder.

Sehen Sie, wie sich das Klüngelpotenzial Gewinn bringend für beide Seiten tauschen lässt? So können Sie sich das Leben erleichtern.

Was bieten Sie an?

Bisher haben wir darüber gesprochen, wie wichtig es ist, dass Sie Ihre Arbeit, Ihre Erfahrungen und Ihre Kompetenzen – auf welchem Gebiet auch immer – wertschätzen. Jetzt sollen Sie Ihr Potenzial benennen lernen.

«Ich kann...» genügt nicht — In Klüngelworkshops und auch in meinen Coachingsitzungen zeigt sich immer wieder, wie schwer es vielen Frauen fällt, ihre Arbeit, ihre Fähigkeiten und Erfolge konkret zu benennen. Sie benutzen oft nur schwammige, nebulöse Umschreibungen. Auf die Frage: «Was können Sie besonders gut?» folgt erst ein langes Nachdenken und dann: «Ich kann gut zuhören» oder «Ich kann andere begeistern».

Bei einer Plauderei nimmt man das so hin, fragt sich vielleicht im Stillen, was damit gemeint ist. Nachfragen wird kaum jemand. Die Behauptung bleibt im Allgemeinen stecken. Der konkrete Bezug auf ein Ergebnis oder auf die Tätigkeit wird nicht sichtbar. Es ist vielen Frauen offenbar unangenehm, ihre Fähigkeiten ausführlicher zu beschreiben. Erst bei näherer Befragung stellt sich heraus, wie sich diese Fähigkeiten in greifbare Aussagen übersetzen lassen. Dann wird schließlich nachvollziehbar, was Frauen leisten.

Erklären Sie zunächst, in welchen Bereichen Sie Ihre Fähigkeiten einsetzen und was Sie damit erreichen, damit andere davon eine konkrete Vorstellung bekommen.

Wenn Sie etwa sagen «Ich kann gut zuhören», wollen Sie vielleicht eigentlich etwas ganz anderes zum Ausdruck bringen. Zum Beispiel: «Ich kann gut zuhören und erreiche damit, dass unsere Kunden mit unserem Service sehr zufrieden sind. Ich höre heraus, was sie wirklich suchen.» Damit wird allen klar, wie Sie Ihr Fähigkeit im Berufsalltag einsetzen, was Sie damit erreichen.

Sie könnten auch sagen: «Ich habe sehr viele Stammkunden, die mich weiterempfehlen, weil ich mir wirklich Zeit für sie nehme und weil sie nie das Gefühl haben, überrannt zu werden. Sie bekommen, was sie brauchen, weil ich ihnen zuhöre.»

Sie überreden Kunden nicht, Sie gehen auf sie ein. Die Kunden fühlen sich gut beraten, sie vertrauen Ihnen und bringen Ihnen wiederum neue Kunden. Das können sich jetzt alle vorstellen.

Es gibt viele Beispiele von solch allzu allgemeinen Beschreibungen der eigenen Fähigkeiten. Dazu gehört etwa: «Ich kann gut telefonieren.» Sind Sie die Frau, die per Telefon neue Kunden akquiriert, die Geschäftskontakte herstellt oder aufrechterhält oder die Verhandlungen mit anderen Abteilungen oder Ämtern führt und Preisnachlässe telefonisch aushandelt?

«Ich kann gut organisieren.» – Überlegen Sie, was genau

Sie organisieren und mit welchem Ergebnis. Beschreiben Sie ruhig präzise, um was Sie sich alles kümmern, welche Erfolge Ihr Organisationstalent Ihnen oder Ihrer Firma gebracht hat. Sie wissen: Zum Klüngeln brauchen wir konkrete Bilder. Wir müssen uns vorstellen können, wofür Sie zuständig sind, was Sie wie organisieren und was Sie damit bewirken. Ihr Organisationstalent zeigt Früchte? Dann zeigen Sie sie. Beschreiben Sie, wie Sie System in die chaotische Ablage gebracht haben und damit für alle Teammitglieder einen direkten Informationszugriff schufen. Oder dass Sie eine Moderation für die internen Besprechungen eingeführt haben und damit die Sitzungsdauer von vier auf zwei Stunden reduzieren konnten. Nur so geben Sie Ihr Klüngelpotenzial bekannt, auf das andere zurückgreifen können.

Eine Journalistin sagte von sich: «Ich kann gut recherchieren». Erst nach gründlichem Nachfragen stellte sich heraus, dass sie direkten Zugang zu Pressearchiven besitzt und Fachfrau für spezielle Recherchen im Internet. Jetzt, wo wir es genauer wissen, wird sie auch als mögliche Klüngelpartnerin interessant: Pressearchive und Datenbanken können wahre Informationsfundgruben sein.

Nehmen Sie Ihre Fähigkeiten, Erfolge und Kontakte genauer unter die Lupe. Diese Fragen sollen Ihnen dabei helfen, Ihr Klüngelprofil und damit Ihr Klüngelpotenzial zu erkennen.

Nehmen Sie sich unter die Lupe — Haben Sie schon einmal ganz genau darüber nachgedacht, wie Ihr Klüngelprofil aussieht? Was können Sie anbieten?

Stellen Sie sich folgende Fragen:

1. Was habe ich anzubieten?
2. Womit bin ich erfolgreich?
3. Was habe ich erreicht?
4. Welche beruflichen Kontakte habe ich?
5. Was macht mir Spaß?

Nehmen Sie sich Zeit, darüber nachzudenken. Zu Ihrer Unterstützung und um Ihre Gedanken anzuregen, bieten wir Ihnen zu jeder Frage Beispiele aus der Arbeit als Selbständige, Angestellte oder ehrenamtlich Tätige.

1. Was haben Sie anzubieten?
Denken Sie bei Ihren Antworten daran: Sie wollen Ihr Klüngelpotenzial ergründen. Es geht also nicht allein darum, herauszufinden, was Sie in Ihrem «Warenkorb» haben. Vor allem stellt sich die Frage: Was können andere mit Ihrem *Angebot* anfangen? Was könnte daran Geschäftsfreunde, Kolleginnen und Kollegen, Vorgesetzte, Bekannte, Verwandte oder Außenstehende interessieren? Sie sind die Frau, die dies oder jenes herstellt, verkauft, vermittelt, die Verbindungen hat, mit der sich über diese oder jene Spezialfragen reden lässt – das ist wichtig für Sie und für andere. Einige Beispiele:

- Selbständige
  Sie verkaufen Damenmode, speziell Mode aus Hanf.
  Sie sind Heilpraktikerin, Spezialgebiet Wechseljahre.

Sie bieten Seminare für leitende Angestellte in der Verwaltung mit dem Titel «Zeitmanagement für Zeitlose» an.

- Angestellte
  Sie sind Sekretärin in einem Verlag und haben den Überblick über alle laufenden Buchprojekte.
  Sie sind Frauenbeauftragte in einer Stadtverwaltung und Fachfrau für Arbeitsrecht, speziell für Frauen.
  Sie sind Bankangestellte und beraten Kundinnen bei größeren Erbschaften.
- Ehrenamtliche Mitarbeiterin
  Sie sind im Vorstand eines Vereins und kennen sich aus in Vereins- und Satzungsfragen.
  Sie sind Mitglied im Elternbeirat und halten engen Kontakt zur Schulleitung.
  Sie sind Mitglied in einer Theatergruppe und schreiben gemeinsam mit anderen eigene Texte.

2. Womit sind Sie erfolgreich?

Führen Sie Ihren Erfolg auf ein besonderes Geschick, auf ein spezielles Erfolgsrezept zurück? Das wäre für künftige Klüngelpartnerinnen besonders interessant. Damit ließe sich kooperieren, Sie sind möglicherweise eine kompetente Informationsquelle. Auch hierzu ein paar Beispiele, die Sie anregen sollen, über Ihre besondere «Erfolgsquelle» nachzudenken:

- Selbständige
  Sie sind Zahnärztin und öffnen Ihre Praxis einmal wöchentlich bis 22 Uhr.
  Sie sind Kosmetikerin und arbeiten als Maskenbildnerin auch für Theatergruppen.
  Sie haben ein Modegeschäft, in dem eine Kinderspiel-

ecke den Müttern ein ungestörtes Einkaufen ermöglicht.
Sie sind Vermögensberaterin und verschenken bei steilen Kursschwankungen Sicherheitsseile.

- Angestellte
  Sie sind bei internen Schulungseminaren gefragt, weil Sie technische und mathematische Formeln verständlich erklären können.
  Sie haben in Ihrer Abteilung den niedrigsten Krankheitsstand, weil Sie für ein gutes Arbeitsklima sorgen.
  Sie haben ein effektives Mahnsystem eingeführt, Zahlungsrückstände gehen schneller ein.
  Sie gestalten jedes Jahr den Betriebsausflug, und immer wird eine tolle Überraschung daraus.
- Ehrenamtliche Mitarbeiterin
  Sie kennen sich aus mit den Bewilligungsbedingungen von EU-Zuschüssen für Frauenförderungsprogramme.
  Sie schreiben Artikel über Ihre Veranstaltungen in der Verbandszeitschrift.
  Sie erarbeiten Vorschläge für Themenabende und laden Gastreferentinnen ein.
  Sie halten motivierende Reden.

3. Was haben Sie erreicht?
Hier geht es darum, welche Erfolge Sie vorweisen können.

- Selbständige
  Sie haben in diesem Jahr Ihre erste Mitarbeiterin für Baufinanzierungen eingestellt.
  Sie haben als Steuerberaterin einen großen Firmenkunden aus der Baubranche gewonnen.
  Sie haben als Fotografin den hoch dotierten Auftrag er-

halten, das Sozialverhalten von Ameisen zu dokumentieren.

- Angestellte
  Sie wurden als erste Frau in Ihrer Bank zur Filialleiterin befördert.
  Sie haben die Leitung des Projekts «Wiedereingliederung von Langzeitarbeitslosen» übernommen.
  Ihr Vorschlag zur Plakatwerbung «Kann denn Klüngeln Sünde sein?» wurde unter dreißig eingereichten Vorschlägen begeistert angenommen.
- Ehrenamtliche Mitarbeiterin
  Sie haben in Ihrem therapeutischen Berufsverband einen Ethikausschuss ins Leben gerufen.
  Sie haben mit der Stadtverwaltung erfolgreich über die abendliche Überlassung einer Turnhalle verhandelt.
  Sie haben einen Unternehmerinnentag in Ihrer Stadt organisiert.

4. Welche Kontakte haben Sie?

Die Frage könnte auch lauten: Wen lernen andere kennen, wenn sie Sie kennen? Beim Klüngeln beziehen Sie die Kontakte anderer ein, und selbstverständlich lassen Sie auch Ihre Kontakte anderen zugute kommen. Unter dem Aspekt «Ich kann diese Kontakte aktivieren, wenn du es brauchst» kann jede Verbindung zu einem Klüngel-Draht werden.

- Selbständige
  Sie sind Mitglied im Interessenverband der Geschäftsleute Ihres Ortes und treffen sich regelmäßig zum Austausch über die Wirtschaftssituation. Sie sprechen mit Rat und Verwaltung über die Verkehrsführung und die Parkmöglichkeiten und werden in die Planung einbezo-

gen, Sie kennen die Mietentwicklung für Läden in Ihrem Ort.

Ihre Verbindungen sind interessant für diejenigen, die ein Geschäft eröffnen wollen, Sie wissen, wo wann welche Räume frei werden, wie sich die Umsatzmöglichkeiten entwickelt haben, ob sich ein drittes Optikergeschäft in der Gegend lohnt. Sie kennen Leute aus der Verwaltung, wissen, wer für Genehmigungen, Sperrungen, erweiterte Öffnungszeiten zuständig ist. Sie könnten andere Geschäftsleute in anderen Orten bei der Organisation von Veranstaltungen beraten, die Sie selbst bereits erfolgreich durchgeführt haben. Sie wissen, wie hoch die Gage der Künstler ist, die bei Straßenfesten auftreten. Und wenn Sie das eine oder andere nicht wissen, dann haben Sie auf jeden Fall einen guten Draht zu Personen, die es wissen.

- Angestellte

  Sie haben Kontakte zu Kolleginnen und Kollegen innerhalb Ihrer Abteilung und zu anderen Abteilungen,

wie etwa zur Personalabteilung, zur Aus- und Weiterbildung, zum Marketing, zur Rechtsabteilung, zur Betriebskrankenkasse, zum Betriebsrat, Kontakte zu Vorgesetzten, zur Geschäftsleitung, zum Außendienst, zu Kundinnen, Lieferanten, Seminarteilnehmerinnen, Referentinnen, zu Mitbewerbern auf dem Markt, zu Ämtern und Parteien, aber auch zu anderen Organisationen wie Reiseveranstaltern, Hotels, Druckereien, sowie Kontakte zu Berufsverbänden, Fachverbänden, Wirtschaftsverbänden, Netzwerken, Clubs, Verbindungen Ehemaliger und zu Ihren früheren Ausbildungsinstituten.

- Ehrenamtliche
  Die Kontaktmöglichkeiten in ehrenamtlichen Positionen der unterschiedlichsten Vereine und Institutionen entsprechen jenen von Selbständigen und Angestellten.

5. Was macht Ihnen Spaß?
Wenn Sie darüber nachdenken, wie sympathisch uns Menschen dann werden, wenn wir etwas über ihre Hobbys und ihre Freizeitinteressen erfahren, bekommt die Frage für das Klüngeln eine besondere Bedeutung.

Die Kraft einer Klüngelbeziehung entsteht nicht allein aus dem Wert der beruflichen Vernetzungsmöglichkeiten. Ihr berufliches Potenzial mag noch so bedeutungsvoll für Ihre Klüngelpartnerinnen sein, zu einer dauerhaften Klüngelbeziehung gehört auch die persönliche Basis. Wir bestehen nicht allein aus Wissen und Können. Wir haben Abitur und lesen gerne Asterix-Hefte. Wir führen eine Sparkassenfiliale und spielen gerne Roulette. Wir sind Sachbearbeiterinnen, Abteilungsleiterinnen, Vorstandsfrauen oder Amtsinhaberinnen und reiten, reisen, malen, sammeln Trödel oder wandern durch das Wattenmeer.

Das ist es, was anderen Menschen den Zugang zu Ihnen erleichtert. Sie sind nicht nur die Geschäftsfrau mit diesem oder jenem Angebot, sondern die Geschäftsfrau, die auch gerne segelt oder moderne Kunst oder alte Micky-Maus-Hefte sammelt. Jedenfalls werden Sie dadurch menschlicher und auch ansprechbarer.

Der Klüngel-Fragebogen —
Schauen Sie sich nun den exemplarisch ausgefüllten Fragebogen einer Sachbearbeiterin im Rechnungswesen an, und füllen Sie dann den Bogen zu Ihrem eigenen Klüngelprofil aus. Lesen Sie zuerst die hilfreichen Anmerkungen im Kapitel auf Seite 148.

1. Was habe ich anzubieten?

Was ist mein Fachgebiet? Was sind meine Aufgaben?

a) Abrechnung der Fort- und Weiterbildungsmaßnahmen/ Beschaffung der Fördermittel/Teilnehmerinnen/Referentinnen

b) Überblick über und Koordination von Finanzmitteln

c) Kaufmännische Bereiche (Mieten, Nebenkosten, Leasingverträge) der Firma transparent halten

Wer sollte mein Potential kennen?

Institutionen/Firmen/ Abteilung/Vereine/Verbände/Einrichtungen/ Kunden/Lieferanten	*konkrete Personen*	*Bis wann (Datum) informiere ich die anderen über mein Klüngelpotential?*
a) Geschäftsleitung	Herr Lietke	nächstes Treffen am 15. d. Monats
b) Die Hausbanken	Frau Rendig/ Herr Lauf	Telefonat nächste Woche
c) Geschäftsleitung	Herr Dreifuß	bis Ende des Monats

2. Womit bin ich erfolgreich?

Welche Kompetenzen (Fähigkeiten/Fachkenntnisse) setze ich ein?

a) Ich bereite konkrete Fakten (Zahlenaufbereitung und Präsentationsvorlagen) für Bankgespräche vor.

b) Ich gehe planvoll und strukturiert an neue Aufgaben heran, wie etwa ein neues Datenbankprogramm zu installieren (geringe Fehlerquote, gute Mitarbeiterinneneinarbeitung).

c) Ich bin innovationsfreudig, rege selbst die Veränderung und Optimierung von EDV-Abläufen an.

Wer sollte mein Potential kennen?

Institutionen/Firmen/ Abteilung/Vereine/Verbände/Einrichtungen/ Kunden/Lieferanten	*konkrete Personen*	*Bis wann (Datum) informiere ich die anderen über mein Klüngelpotential?*
a) Die Chefetage	Herr Lietke/ Dreifuß/Läuter	nächste Woche
b) die eigene Abteilung	Chefin, alle Mitarbeiterinnen/Frau Groß/ Mitter/Pfirs	im nächsten Teamgespräch
c) alle Projektleiterinnen	Frau Rusch/ Knie/Bier/ Herr Assam	bis Ende des Quartals

3. Was habe ich erreicht?

Über welche Erfolge freue ich mich besonders?

a) Effektivere Arbeitsabläufe, dadurch bessere Zusammenarbeit mit den anderen Abteilungen, besseres Arbeitsklima in der eigenen Abteilung

b) Übernahme eines neuen Aufgabengebietes mit einer neuen Mitarbeiterin

c) Honorierung meiner Arbeit durch Gehaltserhöhung

Wer sollte mein Potential kennen?

Institutionen/Firmen/ Abteilung/Vereine/Verbände/Einrichtungen/ Kunden/Lieferanten	*konkrete Personen*	*Bis wann (Datum) informiere ich die anderen über mein Klüngelpotential?*
a) alle Abteilungen	Herr Melcher, Frau Gazke Frau Elzmann	bei der nächsten Abrechnung
b) die Chefetage	Herr Lietke/ Dreifuß/Läuter	auf dem Fest am 19. d. Monats
c) Freundinnen Vorstand im Verein	Gaby, Renate, Günther	beim Kartenspielabend beim nächsten Treffen

4. Welche Kontakte habe ich?

a) Zur Hausbank der Firma?

b) Zum Reisebüro der Firma?

c) Zu den einzelnen Projektleiterinnen?

Wer sollte mein Potential kennen?

Institutionen/Firmen/ Abteilung/Vereine/Verbände/Einrichtungen/ Kunden/Lieferanten	*konkrete Personen*	*Bis wann (Datum) informiere ich die anderen über mein Klüngelpotential?*
a) Unser Reisebüroinhaber	Herr Leisser	nächstes Telefonat
b) Freundinnen/ Freunde	Laura, Klaus, Silke	bei der Planung der nächsten gemeinsamen Reise

5. Was macht mir Spaß?

a) Der Umgang mit Zahlen

b) Projektplanung

c) Wandern und Tanzen

Wer sollte mein Potential kennen?

Institutionen/Firmen/ Abteilung/Vereine/Verbände/Einrichtungen/ Kunden/Lieferanten	*konkrete Personen*	*Bis wann (Datum) informiere ich die anderen über mein Klüngelpotential?*
a) Die Bank	Frau Rendig	im August
b) Projektleiter	Herr Menge	beim nächsten Treffen
c) Reisebüro	Herr Leisser	bei der nächsten Buchung
eigene Abteilung/ Kollegin	Heidrun	heute Mittag

Jetzt legen Sie Ihr eigenes Klüngelprofil an. Schreiben Sie mindestens drei Antworten zu jeder Frage.

1. Was habe ich anzubieten?
Was ist mein Fachgebiet? Was sind meine Aufgaben?

Wer sollte mein Potential kennen?		
Institutionen/Firmen/ Abteilung/Vereine/Verbände/Einrichtungen/ Kunden/Lieferanten	*konkrete Personen*	*Bis wann (Datum) informiere ich die anderen über mein Klüngelpotential?*

2. Womit bin ich erfolgreich?

Welche Kompetenzen (Fähigkeiten/Fachkenntnisse) setze ich ein?

Wer sollte mein Potential kennen?

Institutionen/Firmen/ Abteilung/Vereine/Verbände/Einrichtungen/ Kunden/Lieferanten	*konkrete Personen*	*Bis wann (Datum) informiere ich die anderen über mein Klüngelpotential?*

3. Was habe ich erreicht?

Über welche Erfolge freue ich mich besonders?

Wer sollte mein Potential kennen?

Institutionen/Firmen/ Abteilung/Vereine/Verbände/Einrichtungen/ Kunden/Lieferanten	*konkrete Personen*	*Bis wann (Datum) informiere ich die anderen über mein Klüngelpotential?*

4. Welche Kontakte habe ich?

Wer sollte mein Potential kennen?

Institutionen/Firmen/ Abteilung/Vereine/Verbände/Einrichtungen/ Kunden/Lieferanten	*konkrete Personen*	*Bis wann (Datum) informiere ich die anderen über mein Klüngelpotential?*

5. Was macht mir Spaß?

Wer sollte mein Potential kennen?

Institutionen/Firmen/ Abteilung/Vereine/Verbände/Einrichtungen/ Kunden/Lieferanten	*konkrete Personen*	*Bis wann (Datum) informiere ich die anderen über mein Klüngelpotential?*

Zu den Fragen:

Wer sollte mein Potenzial kennen?

Erste Spalte
Institutionen, Firmen, Abteilungen …
Tragen Sie hier Institutionen, Firmen, Abteilungen etc. ein, die von Ihren Kompetenzen wissen sollten. Gehen Sie gedanklich ruhig über den eigenen Tellerrand hinaus. Wenn zum Beispiel Ihr rhetorisches Talent oder Ihre Fähigkeit zum Querdenken für niemand in Ihrem bisherigen beruflichen Umfeld interessant sein sollten, überlegen Sie, wer sonst diese Fähigkeit für sich einsetzen könnte.

Zweite Spalte
Konkrete Personen benennen
Nicht die Institution, die Firma oder die Einrichtung als solche ist Ihre Ansprechpartnerin. Beim Klüngeln sind es immer nur einige wenige Personen, deren konkretes Interesse Sie wecken müssen. Um sie geht es, zu ihnen müssen Sie den Kontakt herstellen. Tragen Sie ihre Namen hier ein.

Dritte Spalte
Bis wann informiere ich die anderen darüber?
Jetzt setzen Sie sich einen Termin. Die Eintragungen in dieser Spalte sollen Sie daran erinnern, Ihren Entschluss in die Tat umzusetzen.

Der Fragebogen hat gezeigt, welches Potenzial Sie haben und welche Menschen mehr darüber wissen sollten. Einer Klavierstimmerin, die den Bogen ausgefüllt hatte, wurde beim Ausfüllen klar, dass sie so gut wie keine Kontakte zu

Konzertveranstaltern oder Bühnenbetrieben hatte. Eine Reiseveranstalterin, Schwerpunkt Sprachreisen, erkannte, dass sie Verbindungen zu Sprachschulen und der Volkshochschule herstellen sollte. Und unsere Freundin Yvonne, die einen Motorradclub für Frauen gegründet hat, wird jetzt ihre Beziehungen zu einem Motorradhersteller intensivieren, der Sternfahrten sponsert.

Wichtig ist, dass Sie Ihre Kompetenzen nach außen hin präsentieren, um in das Beziehungsnetz anderer aufgenommen zu werden. Das Interesse an Ihrer Person, an Ihren Kompetenzen und Möglichkeiten können Sie nicht voraussetzen – Sie müssen es wachrufen.

Wie Sie über Ihr Potenzial reden

Immer wenn es in unseren Workshops darum geht, klarzumachen, wie sehr der Klüngelerfolg vom eigenen Bekanntheitsgrad abhängt, dass er vielleicht sogar wichtiger ist als alles andere, hängen wir das Ergebnis einer IBM-Studie aus den USA an die Wand.

Woran liegt es, ob eine Mitarbeiterin befördert wird oder nicht?

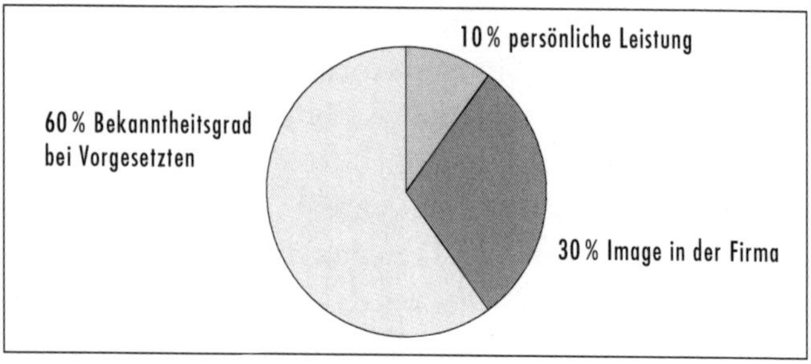

Das Ergebnis lautete:

- **10 %** trägt ihre **persönliche Leistung**, die Qualität ihrer Arbeit, zur Beförderung bei,
- **30 %** das **Image**, das sie in ihrer Firma hat,
- **60 %** – und damit ausschlaggebend – ist ihr **Bekanntheitsgrad** bei ihren Vorgesetzten (ihre Arbeit, ihre Ergebnisse, ihre Ziele).

Für Frauen ist das oft ein harter Brocken. Nicht ihre Leistung soll es sein, die sie auf der Karriereleiter voranbringt, sondern vor allem ihr Bekanntheitsgrad? Das bedeutet zwangsläufig: Nicht ihre Arbeit macht sie als Klüngelpartnerin attraktiv, sondern ihre Selbstdarstellung. Obwohl das in dieser Ausschließlichkeit sicher nicht ganz stimmt, steht doch fest: Wenn Ihre Vorgesetzten nichts von Ihnen wissen, werden sie im geeigneten Moment nicht an Sie denken.

Für Sie als Freiberuflerin oder Unternehmerin ist Ihr Bekanntheitsgrad geradezu die Grundlage Ihres Erfolges. Deshalb überlegen Sie jetzt einmal, wie viel Sie von Ihrer Zeit aufwenden für die Herstellung und Pflege von Kontakten. Denn auf Ihre Situation übertragen besagt das Ergebnis der Studie: Ob jemand Ihr Produkt kauft oder Ihre Leistung in Anspruch nimmt, hängt zu 60 % von Ihrem Bekanntheitsgrad ab. Demnach liegt der Umkehrschluss nahe, dass es sinnvoll wäre, einen großen Teil Ihrer Arbeit bewusst in die Kontaktpflege zu investieren. Dass Sie dafür 60 % Ihrer Arbeitszeit aufbringen können, ist eher unwahrscheinlich, aber zumindest sollten Sie sich folgende Fragen beantworten: Legen Sie mehr Wert auf die Erledigung anstehender Arbeiten, statt sich auf Festen und Veranstaltungen bekannt zu machen? Ertappen Sie sich bei dem Gedanken, lieber spätabends noch das letzte Angebot zu schreiben, statt auf der Geburtstagsfeier Ihres Geschäftsfreundes neue Leute kennen zu lernen? Erledigen Sie lieber die Arbeit selbst, statt sie zu delegieren und so mehr Zeit für Ihre Kontaktpflege zu gewinnen? Legen Sie mehr Wert auf den Inhalt Ihrer Prospekte als darauf, sie im richtigen Moment bei sich zu haben? Versuchen Sie einmal Folgendes: Legen Sie fest, wie viel Zeit Sie in Zukunft für die Steigerung Ihres Bekanntheitsgrades aufwenden wollen. Etwa 40 %, vielleicht sogar 50 % Ihrer Arbeitszeit? Winken Sie nicht gleich ab. Das ist keineswegs unmöglich, wenn Sie es wollen und bewusst planen, gerade auch in der Anfangsphase Ihrer Selbständigkeit.

Beginnen Sie mit Ihrer neuen Zeitplanung nächste Woche. Und legen Sie genau fest: Was werden Sie ändern müssen, wenn Sie den Schwerpunkt Ihrer Arbeit verschieben? Welche Arbeiten können Sie delegieren, welche rationalisieren? Wie und wo werden Sie Ihre Kontaktpflege intensivieren?

«Ich bin...» ist zu wenig — «Ich bin Angestellte ...»

«Ich arbeite bei der Stadtverwaltung ...»

Haben Sie das auch schon oft gehört? Irgendwann im

Laufe einer Unterhaltung taucht meistens die Frage nach dem Beruf auf. Wenn Ihnen etwas daran liegt, Ihrem Gegenüber eine anschauliche Beschreibung Ihrer beruflichen Kompetenz zu geben, vor allem auch, wenn Sie an Ihrer beruflichen Situation etwas ändern wollen, dann sollten Sie sich genau überlegen, wie Sie sich darstellen. Sie bestimmen Ihr Image mit dem, was Sie über sich aussagen. Ihr Image wiederum bestimmt Ihren Klüngelwert.

Selten ist eine Berufsbezeichnung allein spannend genug, dass sie mehr als ein freundliches «Aha...» auslöst. Wenn Sie nicht gerade die Chefärztin des Zentralkrankenhauses sind oder der neue Musical-Star, dann sollten Sie Ihre Berufsbezeichnung ein bisschen anreichern, um Klüngelpartnerinnen und -partner auf sich aufmerksam zu machen.

Die Angestellte in einer Versicherung, die einfach sagt: «Ich bin Schadensachbearbeiterin», bietet damit wenig Klüngelpotenzial an. Wenn sie aber noch anfügt: «Stapelweise flattern mir täglich Schadenmeldungen zu Hausratversicherungen auf den Schreibtisch. Vor allem wenn ich ablehnen muss, tut es mir Leid, so wenig persönlichen Kontakt zu den Kunden zu haben. Ich überlege, selbst in den Außendienst zu wechseln, um unsere Kunden von Anfang an beraten zu können.»

Die Klüngelsignale, die sie sendet, bedeuten:

Sie ist Expertin in Sachen Hausratversicherungen. Sie interessiert sich für eine Außendiensttätigkeit. Sie denkt kundenorientiert. Sie engagiert sich in ihrem Beruf. Sie kann vermutlich gut beraten.

Mit diesen Signalen kann die Klünglerin hoffen, andere Menschen neugierig gemacht zu haben. Jetzt will man mehr wissen: Welche Versicherungen sie denn für besonders wichtig hält? Wo die Tücken bei der Hausratversicherung liegen? Welche Tätigkeit im Außendienst ihr vorschwebt? Ob sie sich selbständig machen will? Ob sie schon einmal mit Frau X oder Herrn Y gesprochen hat, weil die jemand suchen? … Und so weiter und so fort.

Erzählen Sie von Ihrem Beruf — Machen Sie einen kleinen Test. Finden Sie heraus, welches Bild Sie vermitteln, wenn Sie von Ihrem Beruf reden. Dazu brauchen Sie die Mithilfe einer Person, die Sie schätzen und mit der Sie beruflich nicht zusammenarbeiten. Wenden Sie sich aber nicht an die gutmütigste Person, die alles richtig findet, was Sie tun. Sie brauchen hier die Unterstützung eines wohlmeinenden, aber ehrlichen Menschen. Nehmen wir einmal an, das ist eine Freundin, die sich bisher nur ungefähr vorstellen kann, was Sie tun. !

Erzählen Sie dieser Freundin mehr von Ihrem Beruf, erklären Sie ihr, für welchen Bereich Sie zuständig sind und welche beruflichen Kontakte Sie haben.

Danach fragen Sie, welche Bilder durch Ihre Erzählung in ihrem Kopf entstanden sind. Hat Ihre Freundin «gesehen», wie Sie beraten, wie Sie verwalten, wie Sie verkaufen? Was hat sie gesehen?

Anschließend überlegen Sie, ob das tatsächlich die Bilder sind, die Sie anderen über Ihre Arbeit vermitteln wollen. Wenn nicht, versuchen Sie es mit einer anderen Beschreibung. Soll Ihr Gegenüber Ihr Verkaufstalent erkennen, Ihre fachliche Kompetenz schätzen, Ihren Ideenreichtum erahnen? Wenn Ihre Freundin das nicht heraushört, fragen Sie, worauf Sie stärker eingehen sollten, was Sie zusätzlich beschreiben oder auch weglassen müssen, damit das Bild klarer wird. Was könnte sie noch mehr von Ihrer Kompetenz überzeugen?

Überzeugen Sie sich selbst — «*Wie* vermittele ich ein gutes Bild von mir? *Wie* stelle ich mich dar?»

Vielen Frauen stellt sich diese Frage. Wenn es Ihnen ähnlich ergeht, dann versuchen Sie doch einmal, sich an eine Situation zu erinnern, in der Sie Ihre Begeisterung auf andere übertragen konnten.

Sie sind etwa ganz hingerissen von einem Film oder einem Theaterstück und machen Ihrer Kollegin klar, dass sie sich das unbedingt auch ansehen muss. Ihr Bauchtanz-Kursus macht Ihnen riesigen Spaß – so sehr, dass Sie damit eine Freundin infiziert haben, die zunächst gar nicht so begeistert war. Sie freuen sich schon lange auf eine Wochenend-Radtour mit Freundinnen und Freunden. Die reagieren anfangs eher gedämpft, aber dann springt der Funke über, die anderen machen mit.

Merken Sie, dass Sie in bestimmten Situationen durchaus die Fähigkeit besitzen, Ihre Begeisterung auf andere zu übertragen? Wenn es Ihnen so richtig darauf ankommt, können Sie andere Menschen überzeugen. Die Frage ist nur: Wie lässt sich diese Fähigkeit in Situationen anwenden, in denen Sie sich beruflich oder geschäftlich darstellen?

Wenn Sie bereit sind, sich auch auf ungewöhnliche Methoden einzulassen, dann versuchen Sie es einmal mit folgender Übung: **!**

Erinnern Sie sich an einen beruflich erfolgreichen Augenblick. «Erfolgreich» ist hier im weitesten Sinne gemeint, Sie müssen sich also nicht unbedingt auf ein spektakuläres Ereignis besinnen. Es kommt nicht auf den Inhalt Ihres Erfolgs an, sondern auf das freudige Gefühl, das Sie in diesem Moment erfasste.

Zum Beispiel, als Sie ein Referat hielten, das Ihre Gedanken gut darstellte. Sie wussten in dem Moment, dass

Sie die Expertin für das Thema sind. Oder als Sie ein Konzept entwarfen, eine andere Arbeitsmethode vorschlugen oder eine Idee durchsetzten: Da wussten Sie, dass Sie kreativ sind. Dieses Gefühl «Ich war gut!» ist das, was Sie tragen soll. Versetzen Sie sich zurück in die damalige Situation: Wie war das für Sie? Sie hatten etwas erreicht und sich dabei wunderbar gefühlt. Sie strahlten und waren begeistert von sich selbst. Erinnern Sie sich an das, was Sie sagten, was Sie hörten, was Sie sahen, vielleicht sogar an das, was Sie in der Situation rochen. Sie spürten genussvoll Ihre Ausstrahlung.

Damals waren Sie von sich begeistert, jetzt aktivieren Sie dieses Gefühl wieder in sich. Sie können überzeugen, Sie können sich darstellen. Halten Sie diesen Moment als ein inneres Bild fest.

Stellen Sie sich jetzt vor, Sie haben eine Kamera mit einem Zoom. Richten Sie diesen Zoom auf Ihr Bild und vergrößern Sie es auf die riesige Leinwand eines Freilichtkinos. Lassen Sie die Frau, also sich selbst, auf der großen Leinwand mit Begeisterung und Überzeugungskraft von ihrem Erfolg erzählen. Jetzt sehen Sie, wie Kraft aus ihr strahlt, wie sie andere für sich einnimmt, wie sie Aufmerksamkeit gewinnt – weil sie von ihrer Sache überzeugt ist.

Hören Sie hin, lassen Sie sich mitreißen. Lassen Sie sich von sich selbst überzeugen. Wer könnte es besser? Schauen Sie noch einmal genau hin. Wie ist Ihre Körperhaltung, wie Ihre Gestik? Sehen Sie, wie Ihr Körper Ihre innere Stärke und Ihr Selbstvertrauen ausdrückt? Treten Sie jetzt in das Bild ein, übernehmen Sie Ihre eigene Rolle.

Dieses Bild und dieses Gefühl können Sie abspeichern, um es bei passender Gelegenheiten wieder zu aktivieren: Stellen Sie die Gestik und Körperhaltung aus Ihrem Bild nach, und lassen Sie das damit verbundene Gefühl in sich aufkommen. Nehmen Sie sich Zeit. Schöpfen Sie Kraft aus dieser Situation, in der Sie Ihre Stärke und Ihre Kompetenz spürten. Während Sie das Gefühl genießen, wird Ihre Haltung so selbstsicher wie damals. Jetzt, in dem Moment, in dem Sie die Situation noch einmal ganz erleben, können Sie das Gefühl körperlich verankern. Es funktioniert so: Drücken Sie in diesem Moment auf eine Stelle Ihres Körpers, die Sie im Alltag unauffällig berühren können. Das kann die Spitze Ihres linken Zeigefingers sein oder Ihr Handgelenk. Sie installieren sozusagen dort Ihren *Erfolgsknopf.* Wenn Sie ihn ganz bewusst drücken, können Sie das Gefühl immer wieder aktivieren.

Dadurch verschaffen Sie sich Zugang zu Ihrer Fähigkeit, andere von sich zu begeistern. Das hilft Ihnen, sich als selbstsichere Klüngelpartnerin zu präsentieren und andere für sich und Ihre Vorhaben zu gewinnen.

Möglicherweise wird Ihnen die Übung nicht sofort gelingen, vor allem, wenn Ihnen diese Arbeitsmethode noch fremd ist. Sie kennen solche Verankerungen schon: Eine Melodie holt Sie zurück in das Gefühl des ersten Verliebtseins, ein fester Händedruck erinnert Sie an eine tröstliche Situation, ein bestimmter Geruch versetzt Sie an einen anderen Ort.

Dies alles ist uns vertraut und selbstverständlich. Der Erfolgsknopf kann Ihnen im Laufe der Zeit ebenso selbstverständlich Überzeugungskraft zurückbringen, wie der Duft von Flieder Frühlingsgefühle vermittelt.

Erzählen Sie von Ihren Erfolgen — Wenn Sie den Erfolgsknopf heute schon anwenden wollen, durchleuchten Sie Ihren heutigen oder gestrigen Tag. Suchen Sie sich ein kleines – oder großes – Erfolgserlebnis heraus. Dann richten Sie Ihren Blick nur darauf und heben es hervor. Holen

Sie sich die Situation wie mit dem Zoom einer Kamera heran. War es dieses erfolgreiche Telefonat, das gut verlaufene Gespräch, die überzeugende Beratung, die klare Stellungnahme? Lassen Sie das Bild jetzt ganz groß vor Ihren Augen erscheinen. Schauen Sie sich die ganze Situation noch einmal genau an.

Haben Sie die vorherige Übung noch in Erinnerung? Dann erinnern Sie sich an die Stelle Ihres Körpers, an der Sie das gute Gefühl Ihrer Überzeugungskraft verankert hatten. War es der Zeigefinger? Oder der Handrücken? Schauen Sie jetzt darauf. Aktivieren Sie das Gefühl. Und dann erzählen Sie von Ihrem heutigen Erfolg.

Transportieren Sie Bilder — Manchen ist es von Natur aus gegeben, so bilderreich zu reden wie ein arabischer Märchenerzähler. Wir Nordeuropäerinnen tun uns da meist etwas schwerer, zumal es ja auch selten Märchen sind, die wir erzählen wollen. Aber in Erinnerung bleiben, das wollen wir schon, und mit bildhaften Darstellungen gelingt das am ehesten.

«In Palermo war alles so fröhlich; da sahen sogar die Tankstellen fröhlich aus.» Als ich das hörte, wäre ich am liebsten sofort nach Sizilien aufgebrochen, mit der Erzählerin als fröhlicher Reisebegleiterin. Hätte sie gesagt, in Palermo seien die Menschen liebenswert – vermutlich hätte ich das schon längst vergessen, und auch die Erzählerin wäre aus meiner Erinnerung verschwunden.

An dem Abend haben viele vieles erzählt. Aber nur dieses Bild ist deutlich bei mir hängen geblieben.

Vielen von uns geht es so: Ein noch so kluger Vortrag, eine noch so geistreiche Darstellung bleibt nicht so deutlich in Erinnerung wie ein Bild, das Sie vermitteln. Die Managerin eines Maschinenbaukonzerns sprach von den mangelhaften Geografiekenntnissen heutiger Berufsanfänger. «Die können sich die Lage von Ländern und Erdteilen kaum merken. Sie würden Pudelmützen nach Sansibar verschicken, weil sie es mit Island verwechseln.» Wir fragten daraufhin nach, was ihre Firma denn tatsächlich exportiere, ob sie sich im internationalen Handelsrecht auskenne und tausend Dinge mehr. Auslöser waren die Pudelmützen.

Nicht immer wird Ihnen beim Erzählen ein passendes Bild einfallen, mit dem Sie sichtbar machen können, was Sie tun. Aber es lohnt sich, schon vorher einmal darüber nachzudenken, was Sie von Ihrem Beruf oder Ihren Aufgaben vermitteln wollen. Welche Situationen wollen Sie beschreiben, um was geht es Ihnen? Wollen Sie neue Kunden gewinnen, den Job wechseln, Kolleginnen aus anderen Bereichen kennen lernen? Wollen Sie vermitteln: «Diesen Stil habe ich», «Das möchte ich umsetzen»? Darüber sollten Sie sich schon vor einem Gespräch Gedanken machen und dann ein Bild dazu suchen. Ein Malermeister beschrieb seine Arbeit auf einer Party mit den Worten «Ich bin Maler für große Flächen. Ich mache den Menschen oft etwas weiß.» Mag sein, dass dieser Kalauer etwas angestrengt erscheint – in Erinnerung geblieben ist er mir trotzdem.

Eine Meisterin solch bildhaften Erzählens ist unsere Gemüsefrau. Sie erfreut ihre Kundschaft stets mit Schilderungen aus der Welt der Großmarkthalle. Ich sehe sie förmlich mit italienischen Spediteuren feilschen, bei spanischen Importeuren die saftigsten Orangen auswählen und ungarischen Händlern den besten Tokaier abluchsen, und alle ihre Kunden wissen, dass diese Frau in der Markthalle großes Ansehen genießt, viele Menschen dort kennt und nur beste Ware einkauft. Ich kann es zwar nicht nachprüfen, aber sie hat mir dieses Bild von sich vermittelt. Offenbar nicht nur mir, denn diese Geschichte mündet in einen Klüngel, wie er im Buche steht: Eine spanische Gemüsekundin möchte ihr Klavier von Barcelona nach Deutschland bringen lassen. Der spanische Importeur, ein Freund der Gemüsefrau, ist schon eingeschaltet. Die Kundin wird seinen Kindern demnächst Deutschunterricht geben. Und die Gemüsefrau möchte zur Hochzeit ihrer Tochter eine spanische Flamenco-Gruppe engagieren. Zu der wiederum hat die spanische Kundin einen guten Draht.

Sehen Sie, wie da eins ins andere greift, wie bildhafte Schilderungen echte Klüngelaktivitäten ermöglichen? Garnieren Sie Ihre Geschichten mit kleinen Anekdoten, und wenn Ihnen ungewöhnliche Redewendungen dabei einfallen – umso besser. Ein Franzose beschrieb mir seine Kenntnisse der deutschen Schriftsprache mit den Worten: «Ich spreche akzentfrei Deutsch – aber ich schreibe immer noch mit leichtem Akzent.» Das Bild hat sich mir eingeprägt. Ich würde gern versuchen, ihn bei einem Rundfunksender unterzubringen, wenn er mittlerweile nicht schon dort gelandet wäre.

Seien Sie geduldig — Nicht jede Ihrer Informationen, auch nicht die allerwitzigste, kann sofort auf fruchtbaren Boden fallen. Natürlich hilft manchmal die Glücksfee, doch meistens investieren wir in die Zukunft. «Mir hat doch neulich die Meier erzählt, dass sie eine Stellvertreterin sucht. Das wäre doch …», «Ich kann dir da eine empfehlen, die hat vorigen Monat auf der Tagung erzählt …» – Je mehr Gelegenheiten Sie nutzen, um Ihre Informationen auszustreuen, desto größer ist die Chance, dass sie an die passende Stelle weitergetragen werden.

Vermitteln Sie Ihre Methode — Sie machen etwas anders als andere, Sie haben Ihre eigene Methode? Das ist ein hervorragender Ansatz. Denn an diesen Punkten entzündet sich das Interesse an Ihnen: «Diese Ärztin wendet auch die Methoden der klassischen chinesischen Akupunktur an.» Besondere Heilmethoden sprechen sich schnell herum. «Diese Musikerin zupft den Bass mit Wäscheklammern und Gabeln.» Ich habe beim ersten Konzertbesuch gleich fünf Freundinnen mitgenommen, so gespannt war ich. Mit Ihrer besonderen Methode werden Sie weiterempfohlen, damit lässt sich kooperieren, darüber lässt sich ein Austausch finden. Zunächst aber: Sie müssen darüber reden.

Der Sog des positiven Redens — Wenn andere viel von Ihren Erfolgen erzählen, wirkt das wie ein Magnet auf uns, wie ein Sog. Wir möchten auch daran teilhaben und andere daran teilhaben lassen. Stellen Sie sich eine Heilpraktikerin vor, die immer wieder von ihren Methoden berichtet, die sie erfolgreich bei ihren Patientinnen anwendet. Denken Sie nicht auch gleich an sie, wenn Ihnen etwas fehlt? Würden Sie sich nicht auch vertrauensvoll von dieser erfahrenen und erfolgreichen Frau behandeln lassen oder sie weiterempfehlen? Ganz anders wäre es wohl, wenn sie nur von den Folgen schrecklicher Krankheiten erzählen würde, mit denen sie sich täglich beschäftigen muss. Sie würden ihre Arbeit dann vielleicht ganz furchtbar finden.

Letztlich verlaufen alle Geschichten, die solch einen Sog auf uns ausüben, immer nach demselben Schema: Wenn Sie positiv von sich reden, wird man Sie mit mehr Überzeugung vermitteln, als wenn Sie Ihre Misserfolge und Schwierigkeiten schildern.

Das können wir bedauern, aber wir können es nicht ändern. Das Positive macht uns anziehend, auch als Klünglerinnen. Eine Workshop-Teilnehmerin wollte das partout nicht wahrhaben, sie lehnte es geradezu als «unehrlich» ab. Umso überraschender klang da ihre Geschichte: Sie hatte lange Zeit bei einer Immobilienverwaltung gearbeitet, in der sie Eigentümergemeinschaften zu betreuen hatte. Diese endeten meist chaotisch: Die Eigentümer stritten über jede Mark zusätzlicher Kosten, und die Versammlungen dauerten endlos. Dann änderte sie ihre Methode: Die Veranstaltungen begannen mit einem Loblied auf das vergangene Jahr, mit einer positiven Schilderung der Verdienste des Hausmeisters, der Verwaltung, der Eigentümer. Sie beschrieb ausgiebig, welche Vorteile die notwendigen Maßnahmen für alle gebracht hatten, hob die Wertsteigerung der Objekte hervor, sprach vom besseren Wohngefühl und sicherer Geldanlage, das alles veranlasst durch eine kluge Hausverwaltung.

Die Wirkung war immer die gleiche: Die Leute standen im «Sog der positiven Rede»; sie protestierten nicht, sondern fanden sich friedlich zu Beschlüssen zusammen.

Ihre positive Art, mit Menschen zu reden, hat über mehrere Ecken übrigens dazu geführt, dass die Erzählerin heute Pressereferentin eines großen Autokonzerns ist.

Nutzen Sie Ihre Chance — Plötzlich steht sie vor Ihnen, die Person, die für Sie von besonderer Bedeutung ist. Ihr Gegenüber kann Ihnen behilflich sein auf dem Weg zu einem Ihrer Ziele. Womöglich liegt in ihrer oder seiner Hand sogar die Entscheidung darüber.

Lassen Sie diese Gelegenheit nur nicht verstreichen! Suchen Sie das Gespräch und nutzen Sie es. Sie sollten dabei folgendes im Hinterkopf haben:

- Das ist meine Chance, und die nutze ich.
- Ich rede klar und nachvollziehbar von meinen Absichten, Vorhaben, Zielen.
- Ich mache meine entsprechenden Kompetenzen und Erfahrungen dazu deutlich.
- Ich schaffe mir die Möglichkeit, auf das Gespräch zurückzukommen, also in Kontakt bleiben zu können.

Nehmen wir an, Sie werden bei einer Betriebsfeier dem Chef einer anderen Abteilung vorgestellt, einer Abteilung, in die Sie gerne versetzt werden möchten. Oder vielleicht möchte Ihre Freundin dorthin versetzt werden, und Sie können jetzt für sie klüngeln. Worüber werden Sie mit diesem Menschen reden? Über Ihre Lebensgeschichte? Über Ihre Mutter, die früher hier mal gearbeitet hat? Über das gute Wetter oder die schlechten Verkehrsverbindungen?

Alles möglich, alles denkbar, jedenfalls soweit es als Einstieg taugt. Aber dann werden Sie vor allem ein Thema anpeilen, nämlich Ihres. Lenken Sie Ihre Worte vorsichtig, aber bestimmt auf das Thema «Arbeitswechsel». Reden Sie nicht nur, um zu reden, nicht über andere Menschen oder über Dinge, die hier nicht hingehören. Denken Sie daran: Sie wollen etwas erreichen – und Sie haben jetzt und hier die Gelegenheit. Die Klünglerin nutzt Gelegenheiten. Sie macht sich frei von dem Gedanken, das sei unschicklich, unfein oder anstößig. Hier und jetzt geht es um Ihre Interessen oder um die Interessen derer, für die Sie etwas tun wollen. Also vergessen Sie Ihre Hemmungen und nutzen Sie die Gelegenheit.

Klüngeln heißt auch, Gelegenheiten wahrzunehmen, wenn sie sich bieten – und Gelegenheiten schaffen, wenn sie sich nicht bieten.

DIE KLÜNGLERIN GIBT UND NIMMT

Sie sind positiv eingestimmt, neugierig auf andere, haben das eigene Klüngelpotenzial voll erkannt und klare Ziele formuliert – jetzt müssen Sie noch einige wichtige Spielregeln lernen.

Beim Klüngeln gibt es, wie bei jedem ausgeklügelten Spiel mit mehreren Teilnehmerinnen, Regeln. Sie sind nicht immer ganz eindeutig, oft unterschiedlich auszulegen und je nach Situation auch veränderbar. Aber ohne Kenntnis dieser Regeln haben Sie schlechte Karten.

Die Spielregeln der Klüngelkultur

Vernetztes Denken — Wie schwer oder wie leicht es Ihnen fällt, die Spielregeln zu akzeptieren, hängt in erster Linie davon ab, wie vernetzt Sie denken. Am deutlichsten wird das, wenn Sie die klassische Einzelkämpferin mit der Klünglerin vergleichen: Die Einzelkämpferin will alles allein können und erreichen, die Unterstützung anderer lehnt sie ab. Anders die Klünglerin: Sie spinnt Fäden nach allen Seiten und bewegt sich in einem Netz von Beziehungen, das sie für sich und andere nutzt. Im Gegenzug bereichert sie das Netz mit ihrem Angebot und ihren Kontakten.

Die Klünglerin bezieht in ihr Denken und Handeln viele Personen aus ihrem Netz ein. Sie stabilisiert und sichert damit ihr Netz nach innen und grenzt es gleichzeitig nach außen ab. Je größer oder exklusiver ein Netz, desto vorteilhafter für alle Beteiligten, weil damit Wirkung und Einflussmöglichkeiten steigen.

Geben und Bekommen — Basis jeder Klüngelbeziehung ist das Geben und Nehmen. Allerdings berücksichtigen wir im Folgenden zunächst nur eine Variante dieses Prinzips, das «Geben und *Bekommen*». Bekommen wird der Situation gerechter. Wenn Sie etwas nehmen, sind Sie selbst aktiv. Wenn Sie etwas bekommen, haben andere aktiv an Sie gedacht. Sie können im Klüngelnetz Dinge bekommen, die Sie sich nicht hätten nehmen können.

Lassen Sie uns das durch einige Beispiele verdeutlichen, die auch zeigen, wie die Spielregeln funktionieren.

Sie suchen für Ihren Umbau eine Architektin, für die Gartengestaltung eine Gärtnerin, für die Neustrukturierung Ihrer Firma eine Unternehmensberatung, für Ihre Geschäftspapiere ein neues Layout. Oder Sie wollen endlich Ihre private Visitenkarte drucken lassen.

An wen vergeben Sie Ihren Auftrag?

Natürlich an Alice oder an Thomas aus dem Chor oder dem geschäftlichen Interessenverband, Ihrem Tennisclub oder Ihrem Karnevalsverein. Sie geben den beiden den Auftrag, weil sie in Ihrem Verein sind, weil Sie sich gut kennen, oft treffen und weil Sie die so entstandene Bindung ernst nehmen. Diese Selbstverständlichkeit, mit der sich Ihr Denken bei einer Auftragsvergabe in erster Linie an jemanden aus dem eigenen Club, Verein oder Verband richtet, gehört zum Klüngeln im Netz.

Vor allem Vereinigungen, die sich als Eliteclubs verstehen, berücksichtigen und fördern ein solches Klüngelverhalten. Konkurrenz untereinander schließen sie durch ihre Satzung von vornherein aus. Das praktizieren die Lions und die Rotarier in ihren Männerclubs, aber auch die weiblichen Soroptimistinnen. Ihr Berufsklassenprinzip sieht vor, dass nur jeweils ein Vertreter oder eine Vertreterin aus jedem Berufszweig aufgenommen werden kann. Ist bereits ein Drucker, Brauer oder Hotelier Mitglied im Club, kann kein weiterer hinzukommen. Und auch die Bildhauerin, Übersetzerin oder Fotografin bleibt in ihrem Club einzigartig. Das enthebt alle Mitglieder der Schwierigkeit, sich bei Auftragsvergabe für den einen oder anderen entscheiden zu müssen. Wer dennoch diesem Club angehören möchte, dem bleibt die Möglichkeit, mit Zustimmung der Dachorganisation eine weitere Sektion zu gründen.

Vereinen jedoch ist das Berufsklassenprinzip fremd. Da sie solche Schutzbereiche nicht schaffen, müssen sie damit rechnen, dass potentielle neue Mitglieder sich erst einmal gründlich umhören, bevor sie tatsächlich eintreten. Ein Kollege erzählte, dass er lange Zeit versucht habe, seinen Freund, einen Bestattungsunternehmer, für die Mitgliedschaft in einer Bürgergesellschaft anzuwerben. Er winkte stets ab: «Ihr habt schon zwei Bestatter bei euch. Außerdem seid ihr mir alle zu jung.»

Sie haben also Alice und Thomas mit Ihrem Auftrag erfreut. Sie haben Ihre Aufträge damit sozusagen an Ihr Klüngelnetz weitergeleitet – mit der Gewissheit, aus dem gleichen Netz auch selbst mit Aufträgen versorgt zu werden. Sie werden daher etwas *bekommen.*

Die Selbstverständlichkeit der gegenseitigen Vermittlung, die ungeschriebenen Regeln dieser Verbindlichkeit sorgen für eine berufliche Stabilität. Damit wirken Clubs und Vereine wie ein geschäftliches und berufliches Sicherheitsnetz. Viele kleine und mittelständische Unternehmen bekommen ihre Aufträge über ihre Mitgliedschaft in einem oder mehreren ortsansässigen Vereinen. Und es werden keineswegs nur Aufträge vergeben; der Verein ist auch eine wahre Informationsbörse. Die kleinen und großen Tipps am Rande, Winke, Andeutungen und der Wissensvorsprung sind oft ebenso wertvoll wie ein konkreter Auftrag. Die Vermittlung von Arbeitsstellen, der rechtzeitige Hinweis auf frei werdende Posten und Positionen gehören ebenso dazu wie die Empfehlung an Dritte.

Keine geschriebene Verordnung zwingt die Mitglieder, Aufträge in erster Linie an Personen aus dem eigenen Club, Verein, Verband zu vergeben. Es ist kein unabänderliches Muss, den Job-Tipp zunächst einmal an die jobsuchende Frau aus dem Club weiterzugeben. Dass es dennoch geschieht, erklärt sich aus einem besonderen Zusammengehörigkeitsgefühl einerseits und dem gegenseitigen Vertrauen andererseits, beides entstanden aus dem Interesse an der gleichen Sache (Sport, Kultur, Politik). Diese Bindung und das Vertrauen werden ständig bestätigt, gepflegt und gefestigt durch persönlichen Kontakt.

Die Regel vom Geben und Bekommen lautet also:

Meine Aufträge gebe ich dir, deine gibst du mir. Mein Gewinn steigt, dein Gewinn steigt. Meine Tipps und Informationen gegen deine, und unser aller Ansehen und Einfluss nimmt zu.

Welcher Verein ist der richtige für Sie? — Haben Sie eigentlich schon einmal darüber nachgedacht, welcher Verein, welcher Club für Sie der vorteilhafteste wäre? Oder noch konkreter: In welchem Verein könnten Sie die besten Geschäfte machen? Welcher Verband bietet Ihnen die vielversprechendsten Kontakte? Der Gedanke mag Ihnen ebenso fremd wie unangenehm sein, hier sei er dennoch gestattet. Denn erfolgreich geklüngelt wird nun mal am ehesten in Verbänden und Vereinen. Wenn das so ist, warum dann nicht auch selbst einmal kühl und überlegt die jeweiligen Erfolgschancen ausloten? Tausende von Versicherungsvertretern, Rechtsanwälten, Blumen- und Weinhändlern beziehen den größten Teil ihrer Kundschaft aus ihren Vereinen. Warum sollten das nicht auch die Versicherungsvertreterinnen, Rechtsanwältinnen usw. tun? Warum sollten weibliche Angestellte nicht auch darüber nachdenken dürfen, in welchen Club sie eintreten müssten, um *den* Manager oder *die* Geschäftsführerin zu finden, von denen die besten Job-Tipps zu erhalten sind?

Früher trafen sich solche Leute in Tennisvereinen und Yachtclubs. Heute gelten Golfclubs als die vielversprechendste Kontaktbörse. Im Jahr 2013 schwangen ca. 640.000 registrierte Golfspieler und -spielerinnen in Deutschland die Schläger (2004 waren es noch rund 238.000). Der Frauenanteil liegt bei etwa 37 %. Es sind zwar immer noch weniger als 1 % der Gesamtbevölkerung, die auf grünen Wiesen Troubleshots und Bunkerschläge üben, aber bei diesen wenigen dürfte es sich um eine finanzkräftige Minderheit handeln, pures, gereiftes Klüngelpotenzial – mehr als 50 % der Golfspielerinnen und -spieler sind über 50 Jahre alt.

Zugegeben, ich selbst würde ungern einem Golfclub beitreten, nur weil dort die zahlungskräftige Klientel zu finden ist, jedenfalls solange mich das Golfspielen nicht reizt. Aber ich weiß, dass erfolgreiche Männer genau das tun, und ich kann es ihnen nicht verübeln. Die Chance, so ganz zufällig im Clubhaus an der Bar mit Menschen zusammenzutreffen, die wir immer schon einmal kennen lernen wollten, die Verbindungen haben und Kontakte herstellen könnten, ist einfach zu verlockend. Die Freude am Golfspielen wächst offenbar mit der Freude an den wachsenden Verbindungen und dem florierenden Geschäft.

Schnöde Welt? Verurteilen Sie sie nicht, ohne zumindest einmal darüber nachgedacht zu haben. Es gibt sicher auch Clubs und Vereine, in denen Sie sich wirklich wohl fühlen und die Ihnen überdies noch die fehlenden Kontakte bringen könnten. Es muss ja nicht immer Golf sein.

Im richtigen Verein am richtigen Platz — Im Verein ist es wie im Bundestag: Hinterbänkler spielen keine große Rolle. Ein gelegentliches «Hört, hört ...!» beeindruckt niemanden.

Bevor Sie Vereins-Hinterbänklerin bleiben, überlegen Sie: Was könnte Ihnen Ihre Mitgliedschaft bringen, wenn Sie aktiv mitarbeiten und mitgestalten würden? Auch hier werden Sie sich erst einige Fragen beantworten müssen, damit Sie nicht im richtigen Verein auf dem falschen Platz sitzen. Denn wenn Sie im stillen Kämmerlein die Buchhaltung machen und sonst keine Verbindungen herstellen können, wird Ihnen das für die Erweiterung Ihres Klüngelnetzes wenig bringen.

Welche Kontakte suchen Sie im oder über den Verein/Verband? Was würde Ihnen Spaß machen? Was ist Ihnen wichtig? Welche Erfahrungen wollen Sie sammeln, oder welche Erfahrungen wollen Sie einbringen?

Wenn Sie Aufgaben übernehmen, sollten es solche sein, die Ihnen liegen und Ihrem Naturell gerecht werden, sonst wird es für Sie qualvoll anstrengend, und für die anderen womöglich auch.

Vielleicht mögen Sie den Umgang mit den Vereinsfinanzen? Oder Sie übernehmen die Öffentlichkeitsarbeit, halten den Kontakt zur Presse? Oder liegt es Ihnen mehr, kulturelle oder politische Veranstaltungen mitzugestalten, Benefizveranstaltungen, Straßenfeste, Kongresse, Messen oder Tagungen aktiv zu begleiten?

Möglicherweise ist Ihnen der Kontakt zu Ämtern wichtiger, oder Ihnen liegt an einer Vernetzung mit anderen Vereinen auf nationaler oder internationaler Ebene. Sie werden feststellen, dass Sie sich so in völlig neuen Kreisen einen Namen machen. Wenn Sie auf einer ganz anderen Ebene mitentscheiden wollen, lassen Sie sich in Ausschüsse und Kommissionen wählen oder lieber gleich in den Vorstand.

Ganz egal, wofür Sie sich entscheiden: Sie erweitern Ihre Klüngelkontakte.

An manche Einladungen und Informationen kommen Sie ohne Verein gar nicht heran. Städte oder Gemeinden laden Interessenverbände zu Gesprächen am «Runden Tisch» ein, Stadt, Land oder Bund veranstalten Empfänge oder Gesprächsrunden für Netzwerke und Dachorganisationen. Hier eingeladen sein heißt, auf inoffizieller Ebene Einfluss nehmen zu können. Wer im Normenausschuss seines Fachverbandes sitzt, kann manche Norm sanft nach eigenen Vorstellungen mitbestimmen.

Daher unser Tipp: Erweitern Sie Ihr Netzwerk um private Aktivitäten und verbinden Sie diese zielgerecht mit beruflichen Interessen. Sie interessieren sich fürs Theater? Sie lieben die Kleinkunst? Warum gehen Sie nicht in einen Förderverein und übernehmen dort die Aufgabe, Firmen als Sponsoren zu gewinnen und zu betreuen? Sie nehmen dann offiziell mit Firmenchefs und Chefinnen, Leiterinnen von Marketingabteilungen, Geschäftsinteressenverbänden, kurzum mit allen, die Sie für «ergiebig» halten, Kontakt auf. Ihr soziales Engagement öffnet Ihnen so eine neue Klüngelwelt. Sie werden ins Gespräch kommen über dies und das, und nicht nur über Sponsorengelder. Was immer Sie auch erreichen, auf jeden Fall werden Sie viele Kontaktpersonen kennen lernen. Wieweit Sie diese Kontakte dann pflegen und für sich und andere auch beruflich nutzen, bleibt Ihrer ureigenen Klüngelstrategie überlassen.

Stimmt der Preis? — Ein heikler Punkt unter Frauen ist die Vereinbarung eines angemessenen, fairen Preises. Natürlich werden Sie für Ihre kleine Theatergruppe die Kostüme auch weiterhin umsonst nähen, wenn Sie das gut können. Auch andere zimmern oder malen oder entwerfen nach besten Kräften und werden dafür gleichfalls nichts verlangen.

Aber wenn es darum geht, dass jemand aus Ihrem Verein Ihre Dienstleistung oder Ware für sich in Anspruch nehmen will, dann muss der Preis stimmen. Freundschaftspreise müssen Sie nicht allen zugestehen. Sollte ich einmal auf die Idee kommen zu bauen, werde ich dafür Gisela aus meinem Verein als Architektin anheuern. Sie wird mich gut beraten, sie wird sich vermutlich besonders intensiv der Baubetreuung widmen und mir dann eine ganz normale Rechnung zukommen lassen, basierend auf der allgemeinen Honorarabrechnungsverordnung und nicht auf einem Sondertarif für Vereinsmitglieder.

Machen Sie sich von dem Gedanken frei, jeder und jede im Verein erwarte von Ihnen, dass Sie zum halben Preis für sie arbeiten. Der Drucker, der Ihre Firmenbroschüre druckt, die Reisebüroleiterin, die Ihre Urlaubsreise ausarbeitet, sie alle arbeiten nicht unentgeltlich, aber für Sie als Vereinskollegin arbeiten sie vermutlich besonders schnell, gut und zuverlässig, notfalls auch einmal außerhalb der üblichen Zeit. Sie geben ihr Bestes, aber sie überlassen es Ihnen nicht unter Preis. Also erwarten Sie keine enormen Preisnachlässe. Das ist nicht die Regel.

Natürlich können Sie aufgrund Ihrer Verbindungen manchmal etwas günstiger bekommen, vielleicht sogar umsonst. Aber Sie wissen, auch das muss sich am Ende ausgleichen. Erwarten Sie keine einseitigen Geschenke.

Geiz verdirbt den Klüngel — Sie sind klug und können rechnen. Sie wollen Ihr Geld wohl überlegt ausgeben und möglichst viel dafür bekommen. Das ist gut und schön. Aber gehören Sie zu denjenigen, die sich von Freundinnen oder Freunden stundenlang beraten lassen, um dann, gut informiert, den Auftrag an eine fremde Person zu geben, weil die es aus irgendeinem Grund um 20 Euro billiger macht? Eine Versicherungsberaterin erzählte uns von solchen Fällen, ebenso eine Finanzberaterin und eine Frau, die pfiffige Web-Seiten erstellt. Sie alle sind wütend auf Vereinskolleginnen, die sich, natürlich kostenlos, gründlich von ihnen beraten ließen und dann an anderer Stelle ihre Abschlüsse machten – wegen oftmals lächerlicher Differenzen.

Dass Sie damit jegliche Chance für künftiges Klüngeln

verspielt haben, liegt auf der Hand. Geiz oder falsche Sparsamkeit verderben jeden guten Klüngel.

Gerne hätten wir an dieser Stelle das heikle Thema abgeschlossen, aber eins können wir nicht so einfach übergehen: Die Frage, wie wir uns verhalten, wenn die Preisunterschiede wirklich eklatant sind oder wenn wir ein deutlich günstigeres Angebot suchen. Falls Ihre Klüngelnetz-Verbündete tatsächlich enorm über den Preisen anderer anbietet, sollten Sie darüber mit ihr sprechen. Entweder, Sie finden gemeinsam eine Lösung, oder Sie müssen sich anderswo umschauen. Sprechen Sie aber unbedingt vorher darüber. Dass Sie nicht völlig gegen Ihre Interessen und Ihr Portemonnaie handeln können, dafür wird jeder Verständnis haben. Sie haben das Thema offen angesprochen, und wenn Sie sich jetzt an jemand anderen wenden, wird niemand darin einen Vertrauensbruch sehen.

Vertrauensbrüche — Wenn Geiz die Klüngelatmosphäre vergiftet, so gilt dies in noch weit stärkerem Maße für den Vertrauensbruch. Nehmen wir an, der Verein lässt über Sie Festprogramme drucken oder Referentinnen einladen. Sie sind schließlich die Fachfrau dafür. Sie ermitteln Preise und Honorare. Wenn Sie sagen, dieser oder jener Preis sei ein besonders günstiger, dann glaubt man Ihnen das. Und wenn sich dann herausstellt, dass die Preise überzogen waren, dass jeder andere es billiger gemacht hätte, ist das Vertrauen in Sie verloren. So etwas Ähnliches geschah kürzlich in unserem Umfeld: Ein großer Verein musste erkennen, über viele Jahre hinweg unsinnig hohe Druckkosten gezahlt zu haben – im Glauben, es seien besonders günstige Preise. Der Vereinsbruder, der reichlich kassiert hatte, wurde natürlich geschasst. Es hat sich herumgesprochen, viele Kontakte, über Jahre hinweg erworben, waren für ihn auf einen Schlag dahin.

Feingefühl und Taktik — Es gibt Verbände und Vereine, in denen sich die einzelnen Mitglieder kaum kennen, in denen nur ein ganz lockerer Verbund besteht. Hier besteht keine große Erwartungshaltung aneinander. Aber dort, wo die Kontakte enger sind, wo es ein wirkliches Netz gibt, ist diese Erwartungshaltung unbedingt zu berücksichtigen. Da kann sich der Gärtnermeister kaum vorstellen, dass der Verein einen anderen als ihn mit der Pflege seiner Rasenanlagen betraut. Und die Architektin wäre zutiefst gekränkt, wenn jemand anders als sie Ihren Hausbau in Angriff nähme. Mir ist ein Fall deutlich in Erinnerung: Der Förderverein, in dem ich mitarbeitete, unterhält enge Kontakte zu einer französischen Stadt. Dann erfuhr ich zufällig von einer großen Ausstellung deutscher Künstler in der Partnergemeinde, in der sich nur die privaten Künstler-Freunde des Vorsitzenden präsentieren durften. Wir Künstlerinnen aus dem Verein wurden dabei schlichtweg übergangen. Unsere Kränkung saß tief und führte schließlich zum Rückzug aus der Vereinsarbeit.

Deutlich wird die heikle Situation auch an einem Beispiel aus dem familiären Bereich. Nehmen wir an, Sie haben eine nette Schwägerin, die eine auf Scheidungen spezialisierte Anwältin ist, und jetzt brauchen Sie in einem Erbstreit eine Rechtsvertretung. Wen nehmen Sie? Wieder angenommen, Sie wollen zu einer ihrer Konkurrentinnen, zu einer Anwältin, die Ihnen für Ihren Fall versierter erscheint. Wie sagen Sie's Ihrer Schwägerin? Reden Sie mit ihr, bevor Sie einen anderen Anwalt konsultieren. Erklären Sie ihr, dass Sie sie als Scheidungsanwältin schätzen, dass

Sie aber für Ihren Fall eine andere Fachanwältin suchen. Fragen Sie nach einer Kollegin oder einem Kollegen, die Ihrer Schwägerin kompetent erscheinen. Wenn Sie nicht mit ihr reden und Ihre Schwägerin anschließend von der Streitsache durch einen Kollegen erfährt, gerät möglicherweise sogar der Familienfrieden in Gefahr, und Sie wollen doch auch in Zukunft mit Ihrer Schwägerin weiterklüngeln.

Die Frage ist immer die gleiche: Wie vermeiden Sie es, Ihr Klüngelnetz zu verärgern, wenn Sie einen Auftrag, aus triftigen Gründen, außerhalb vergeben wollen?

Wir schlagen zwei Varianten vor:
Sie sind bereit, den Auftrag an die Vereinsfrau zu vergeben, allerdings nur, wenn sie genau nach Ihren Anweisungen arbeitet. Sie geben Zeile für Zeile an, wie etwa Ihre Web-Seite aussehen soll und welche Grafiken Sie wünschen. Sie legen der Catering-Service-Frau, die Sie für Ihre Party engagiert haben, Ihren exakten Speiseplan vor. Sie bestehen darauf, dass die Dinge so und nicht anders ausgeführt werden. Dazu müssen Sie Zeit investieren und vor allem das entsprechende Wissen besitzen. Die Auftragnehmerin führt dann nur noch Ihre Wünsche aus.

Die zweite Möglichkeit: Sie besprechen sich vorab und erklären, was Sie vorhaben. Ihre Vorstellungen weichen dabei erheblich ab von dem, was Ihre Gesprächspartnerin üblicherweise anbietet. Ich stelle mir zum Beispiel vor, wie ich beim Partyservice unseres Metzgers von nebenan nach arabischen Käse-Dattel-Spezialitäten und nach in Kokosnussmilch gebratenen Hühnchen frage. Auch wenn die Metzgersfrau mit mir in drei Vereinen säße, sie könnte mich nur abweisen, denn der Schwerpunkt ihres Partyservices liegt auf Frikadellen und Koteletts. Sie kann diesen Auftrag nicht annehmen, weil er nicht ihre Sache ist.

Allerdings wird die Geschichte so nicht enden, wenn wir voraussetzen, dass hier zwei gute Klünglerinnen verhandeln. Die Metzgersfrau wird für den gewünschten Service eine Kollegin empfehlen können. Vielleicht erfahren wir auch etwas ganz Überraschendes: Die Metzgersfrau verrät, dass sie für ihre Familie gern exotisch kocht. Nur für den Partyservice hier im Ort lohnt sich das nicht. Aber sie würde sehr gerne einmal eine Ausnahme machen …

Eingeengt oder abgesichert? — Rücksichtnahme hier, Taktieren dort – Beziehungsgeflechte, so förderlich sie sind, können auch als einengend empfunden werden. Wenn Sie nicht die geborene Vereinsfrau mit einer Leidenschaft für Beziehungsgeflechte sind, dann sind Sie vor den hier besprochenen *Regeln* wohl eher zurückgeschreckt. Zu einschränkend erscheinen die Verpflichtungen, die aus der Mitgliedschaft in einem Club, einem Verein, einem Netzwerk resultieren. Frauen fühlen sich offensichtlich eher als Männer durch Zusammenschlüsse reglementiert statt gestärkt. Solidaritätserwartungen werden zumeist nur akzeptiert, wenn es um eine gemeinsame Sache geht, um politische oder soziale Ziele; berufliche Kooperation mit der Sicherheit, dass Frauen als Geschäftspartnerinnen aufeinander bauen, ist eher selten.

Natürlich ist die Situation von Verein zu Verein, von Netzwerk zu Netzwerk unterschiedlich. Je enger jedoch die Maschen des Netzes geknüpft sind, desto eindeutiger sind die Spielregeln von Geben und Nehmen.

Frauen, die diese Spielregeln für sich ablehnen, sollten ganz pragmatisch abwägen, ob die Vorteile die Nachteile überwiegen: Bekommen Sie durch das Netz mehr, als Sie alleine hätten erreichen können? Oder erreichen Sie überhaupt erst durch das Netz etwas, wozu Ihre eigenen Kräfte nicht ausgereicht hätten?

Denken für das Klüngelnetz

Die Stärke jedes Verbandes, jedes Vereins und jedes Netzwerkes hängt im Wesentlichen von seinem Einfluss ab. Einfluss auf die Politik, Einfluss auf die Wirtschaft, Einfluss auf Entscheidungen in allen Bereichen – das ist es, was Institutionen so mächtig macht. Wer Einfluss hat, kann auch Einfluss nehmen – bis hin zur Besetzung von Ämtern und Positionen. Das können Sie sich in Ihrem kleinen Verein überhaupt nicht vorstellen? Sie haben sich mit ein paar Frauen zusammengeschlossen, um gemeinsam die Interessen von Jungunternehmerinnen Ihrer Stadt zu vertreten – aber noch fehlt es an Kontakten? Sie sind eine Gruppe von wissenschaftlichen Mitarbeiterinnen in einer Universität und wollen sich fachübergreifend zusammenschließen, um gemeinsam Geldgeber für Ihre Forschungsprojekte zu finden?

Ganz gleich, aus welchem Grund und mit welchen Zielen und Zwecken Sie sich zusammengeschlossen haben, auf eines kommt es jetzt an: auf das Herstellen von Kontakten. Projekte und Ideen brauchen unterstützende Förderer, wohlmeinenden Zuspruch von Ämtern, Räten und Gremien und manchmal auch Sponsoren. Daran sollten Sie bereits bei der Wahl Ihrer Sprecherin denken und selbstverständlich auch bei der Vorstandswahl, falls Sie einen Verein gründen. Vorstandsarbeit ist in erster Linie Netzarbeit, nicht unbedingt Fleißarbeit.

Den Vorstand klug besetzen — «Irgendeine muss es ja machen ...» – So denken viele Frauen und wählen dann irgendjemanden in den Vorstand oder in den Beirat. Die Besetzung des Vorstandes ist jedoch von viel zu entscheidender Bedeutung, als dass Sie nicht schon vorher gründlich darüber nachdenken sollten. Welche Frau hat die Kenntnisse, die Kontakte oder das Image, das Ihrem Verein förderlich ist?

Machen Sie sich vor der Wahl des Vorstandes Gedanken, wen Sie in Ihren Beirat oder Vorstand berufen. Denken Sie an dieser Stelle schon vernetzt? Legen Sie fest, welche Kompetenzen und Kontakte Sie in Ihren Verein einbinden wollen.

Folgende Frauen etwa könnten im Vorstand Ihres Vereins von großem Nutzen sein:

- Eine Fachfrau aus dem Bereich, auf den Ihr Verein seinen Schwerpunkt legt: die Professorin eines Fachbereichs, die Unternehmerin eines Wirtschaftsbereiches (für Beratung oder Sponsoring), die Fachfrau aus dem Gesundheitsbereich oder aus der Verwaltung.
- Eine Frau mit Erfahrungen aus Frauenprojekten mit angestellten und ehrenamtlichen Mitarbeiterinnen.
- Eine Betriebswirtin oder eine versierte Fachfrau aus einer anderen Einrichtung, die sich mit Antragswesen, Finanzen und EU-Förderprogrammen auskennt und bereits Kontakte zu den zuständigen Stellen hat.
- Eine Medienfrau, die Kontakte zu Presse, Funk, Fernsehen hat, damit sie Ihren Verein zur richtigen Zeit medienwirksam präsentieren kann.
- Eine Politikerin aus Ihrem Stadt- oder Gemeinderat, damit Ihre Vereinigung auch dort vertreten wird. So kommen Sie schneller an Informationen aus den Rats-

beschlüssen und wissen rechtzeitig von den Vorhaben der Stadt oder Ihres Kreises. Sie können rechtzeitig reagieren oder eingreifen, wenn es um Ihre Belange geht.

Strategische Überlegungen dieser Art sind auch für Ihren Verein, Ihr Netzwerk wichtig: Zu welchen Institutionen brauchen Sie gute Kontakte? Welche Personen helfen dabei und sitzen an der richtigen Stelle? Haben sie die Kompetenz und die entsprechenden Einflussmöglichkeiten? Sitzen sie an der Informationsquelle, die für Sie wichtig ist?

Klären Sie ab, welches Klüngelpotenzial Ihren Vereinskolleginnen bereits zur Verfügung steht, und suchen Sie bewusst nach Frauen, die das fehlende Klüngelpotenzial ergänzen könnten. Je einflussreicher Ihre Runde wird, desto vorteilhafter für alle.

{ Ein Beispiel dafür, wie zielbewusst einige Frauen nach Klüngelpartnerinnen für den Vorstand Ausschau halten, erzählte uns unsere Freundin Kerstin. Sie ist Geschäftsführerin in einem sehr engagierten Frauenprojekt in Süddeutschland. Dort wird hervorragende Arbeit geleistet, doch es fehlte eine Frau, die für entsprechende Resonanz in den Medien sorgte. Über Einladungen und Pressemitteilungen allein war nicht viel zu machen; Presse, Funk und Fernsehen berichteten auch über große Vereinsveranstaltungen nur eher zufällig.

Kerstin dachte sofort an die Leiterin der Kulturredaktion einer Zeitung, eine sehr bekannte Persönlichkeit mit vielen Kontakten. Diese Frau wollte sie für die Vorstandsarbeit gewinnen. Eine Gelegenheit, sie darauf anzusprechen, ergab sich bei einer städtischen Großveranstaltung. Kerstin erklärte ganz offen, sie habe «einen Anschlag» auf sie vor. Ob sie sie deswegen einmal anrufen könne? Die überraschte Pressefrau hatte nichts dagegen. Kerstin ging nicht unvorbereitet in das Gespräch: Sie kannte ihre besondere Vorliebe für afrikanische Kunst und afrikanisches Tanztheater, also berichtete sie ihr beim ersten Treffen von den internationalen Verbindungen ihres Vereins und von den sehr engen Kontakten zu Frauengruppen in Ghana, von deren künstlerischen Ausdrucksformen und ihren Alltagsproblemen. Sie schaffte es nach und nach, über das persönliche Interesse einen persönlichen Kontakt herzustellen. Man traf sich mehrmals, Kerstin machte ihr den Vorstandsjob schmackhaft. Sie versicherte ihr, dass sie im Verein lediglich als Kontaktperson zu den Medien tätig sein würde, ansonsten aber keine weiteren Belastungen auf sie zukämen. Zudem könne sie sich erst einmal für ein Jahr entscheiden. Heute ist die Kulturredakteurin schon viele Jahre im Vorstand des Vereins. Sie hat dort nie im eigentlichen Sinne «gearbeitet», sie hat nur dafür gesorgt, dass der Verein weit über die Grenzen der Stadt hinaus in den Medien bekannt wurde.

Eigentlich ist ein solches Vorgehen seit Jahrhunderten gang und gäbe, jedenfalls in den Vorständen, Beiräten und Aufsichtsräten großer Firmen: Sie alle suchen bewusst Personen mit Einfluss, der zumeist aus der hauptamtlichen Tätigkeit dieser Personen herrührt. Die Freimaurer waren noch Anfang des 18. Jahrhunderts ein bedeutungsloser Männerclub, der sich in englischen Pubs traf, bis sie auf die Idee kamen, «einen Herrn von Adel» zu ihrem Vorsitzenden zu machen. Nachdem sie den ersten Hocharistokraten, John Herzog von Montagu, dafür gewonnen hatten, ergaben sich die gewünschten gesellschaftlichen Kontakte, und das Freimaurertum erlebte später eine ungeahnte Blüte.

Bitte nicht falsch verstehen, wir wollen keine weiblichen Freimaurer. Grundsätzlich ist es jedoch eine gute und verfolgenswerte Idee, zum Vorteil der eigenen Netzwerke Repräsentantinnen zu suchen, die ihnen zu mehr Einfluss und Bedeutung verhelfen. Im Klüngelnetz haben alle etwas davon.

Was bieten Sie als Gegenleistung? — Sie haben sich eine Medienfrau, eine Politikerin oder eine Fachfrau aus der Verwaltung ausgesucht, die Sie gerne in den Vorstand oder Beirat Ihres Vereins aufnehmen würden. Grundsätzlich gilt: Für die gewählte Person muss dieser Posten eine Auszeichnung sein, ein Schmuckstück, das sie sich umhängen kann, und ein bisschen Zusatznutzen schadet niemals. Die Politikerin sieht vielleicht einen Zugang zu neuen Wählerstimmen, die Medienfrau erweitert durch Sie ihr Themenfeld oder ihren eigenen Bekanntheitsgrad, beide werden auf Veranstaltungen besonders hervorgehoben. Überlegen Sie ruhig gründlich, welches Bonbon Ihrer Wunschkandidatin schmecken könnte. Und denken Sie bitte nicht daran, die umworbene oder bereits gewonnene Frau mit Arbeit zu belasten. Sie haben sich aus sehr konkreten Gründen gewünscht, dass diese Frau bei Ihnen mitmacht; sie wird Ihnen aber nur dann den Gefallen tun, wenn sie von der internen Vereinsarbeit befreit ist. Ihre neue Errungenschaft soll nichts anderes als beraten oder Kontakte herstellen oder ganz allgemein das Vereinsimage heben. Verleihen Sie ihr den Titel eines Ehrenmitglieds oder einer Ehrenbeisitzenden; befreien Sie sie von Mitgliedsbeiträgen ebenso wie von den Aufgaben der Protokollführung. Wenn die Bürgermeisterin Ihrer Gemeinde oder die bekannte Schauspielerin aus Ihrer Stadt auch nur gelegentlich kundtut, dass sie bei Ihnen Mitglied ist, wenn sie sich bei Ihren Festen und Veranstaltungen zeigt und hin und wieder ihre Kontakte spielen lässt, haben Sie viel für Ihren Klüngel gewonnen. Vergessen Sie nicht, sie mit Informationen auf dem Laufenden zu halten und sie damit in das Vereinsgeschehen einzubinden; auf ein aufgeschlossenes Ohr, auf Kontaktvermittlung und Unterstützung aus ihrem Einflussbereich können Sie dann bauen.

Ein passendes Beispiel können wir hier nur andeuten, weil es noch brandaktuell ist: Ein hochrangiger Landespolitiker wurde in den Verwaltungsrat eines Krankenhauses berufen, das Prestige des Chefarztes verband sich mit dem des Politikers, und wie durch ein Wunder blieb gerade dieses Krankenhaus vom Bettenabbau verschont.

Vielleicht sind Sie jetzt empört. Aber wie stünden Sie zu dieser Art von Unterstützung, wenn Ihr eigener Arbeitsplatz in Gefahr wäre?

Das Beispiel zeigt zudem die Anwendung einer wichtigen Klüngelregel: Integrieren statt bekämpfen. Wer gegen Sie Stimmung macht, wer gegen Sie entscheidet, tut dies vielleicht nur, weil er weder Ihre Vereinigung noch Ihre Arbeit und Ihre Ziele genau kennt oder aber andere Interessen vertritt. Versuchen Sie diese Leute in Ihr Netzwerk einzubinden, nehmen Sie Kontakt zu ihnen auf. Dafür brauchen Sie wiederum die Kontakte, die Ihnen Ihr «taktisch klug» besetzter Vorstand einbringt.

Klüngeln heißt:
Integrieren statt bekämpfen!

Die anderen vorbereiten — Sie wollen in Ihrem Verein eine Änderung durchsetzen. Sie könnten zum Beispiel anstreben, dass Ihr männlich dominierter Vereinsvorstand mit einer zweiten Frau besetzt wird.

Es wird wenig Zweck haben, wenn Sie mit der Vorstellung Ihrer Idee bis zur Hauptversammlung warten. Sie müssen vorab Meinungsbildung betreiben, Mehrheiten finden. Sprechen Sie mit denen, die Ihrer Meinung sind oder sein könnten. Überzeugen Sie sie in Einzelgesprächen oder bringen Sie Ihr Thema in einer Arbeitsgruppe auf, bis Sie eine Mehrheit gefunden haben. Erst dann können Sie bei der Abstimmung sicher sein, eine Chance zu haben.

Was könnte für die anderen ein Anreiz sein, mit Ihnen zu stimmen? Natürlich ist Ihre Idee ganz allgemein begrüßenswert, aber ein Argument darüber hinaus dürfte noch mehr überzeugen. Es könnte eine Frau in den Vorstand des Sportvereins gewählt werden, weil sie sich für erweiterte Trainingszeiten für Frauen einsetzt oder für die Förderung der Mädchen im Sport. Vielleicht setzt sie auch eine neue, finanziell gut dotierte Frauen-Turnierveranstaltung durch.

Darauf sollten Sie die anderen einstimmen.

Personenorientierung geht vor Sachorientierung — In dem bereits zitierten WDR-Interview mit Birgit Breuel, Generalkommissarin und Geschäftsführerin der Expo 2000, antwortete sie auf die Frage «Was machen Sie anders als Männer?»: «Männer stellen ihre Netzwerke in den Vordergrund und die Sache an die zweite Stelle.» Sie sagt damit, dass Männer bei der Besetzung von Positionen in erster Linie an Ihre Partei- oder Verbandskollegen denken, eben an ihre «Spezis». Ob die Bedachten über die dafür erforderliche Qualifikation verfügen, ist dabei zweitrangig. Wichtiger und nützlicher auch für den Einzelnen ist es, einen weiteren Vertrauten auf der Karriereleiter nach oben mitgenommen zu haben, zur eigenen Absicherung. Eingefordert wird vom Beförderten dafür allerdings absolute

Loyalität. Man sitzt schließlich im gleichen Boot, im gleichen Kasino, in der gleichen VIP-Lounge.

Das Klüngelnetz wird kontinuierlich erweitert, indem frühere Mitarbeiter und Vertraute in die jeweils höhere Ebene nachgezogen werden und einflussreiche Stellen gezielt aus dem eigenen Netz besetzen. Ausschlaggebend ist der Gedanke, dass «einer von uns» die jeweilige Position einnimmt. Das sichert den Erhalt des eigenen Postens und garantiert die Auftragsvermittlung oder -empfehlung, die ohne das gegenseitige Engagement nicht gesichert wäre. Das Klüngelnetz trägt zur beruflichen und sozialen Absicherung bei und zum Erhalt und zur Ausweitung von Machtpositionen.

{ Die «taz» berichtete im August 1999 über einen solchen Fall: 1989 wäre beinahe die politische Karriere des Vorsitzenden einer Kölner Ratsfraktion vorzeitig beendet gewesen. Seine Partei hatte es versehentlich versäumt, ihn bei der Listenaufstellung ordentlich abzusichern, und ein Direktmandat konnte der Vorsitzende nicht erreichen. Damit besaß er keinen Sitz und keine Stimme im Rat. Es bot sich dennoch eine Lösung an – in der Person eines Abgeordneten, der großzügig zugunsten seines Parteifreundes auf sein Mandat verzichtete. Man kennt sich und man hilft sich schließlich. Der edle Helfer sitzt heute als gut bezahlter Geschäftsführer in der größten Wohnungsbaugesellschaft der Stadt.

Dass solche Aktionen letztlich undemokratisch sind und zur allgemeinen Politikverdrossenheit beitragen, darüber brauchen wir hier nicht zu diskutieren. Wie immer Sie auch zu dieser Art von Klüngel stehen, eines wird deutlich: Es ist etwas dran an der Eingangsbehauptung, dass (Männer-) Netzwerke zum Erhalt von Macht und Einfluss dienen.

Geben und Nehmen hängen nun einmal vor allem vom eigenen Klüngelpotenzial ab. Was kann ich zur Verfügung stellen? Was habe ich anzubieten? Je größer und einflussreicher Ihr eigenes Klüngelnetz ist, desto mehr Möglichkeiten stehen Ihnen zur Verfügung. Die meisten Frauen können mit einem vergleichbaren Klüngelpotenzial nicht aufwarten. Da ist es leicht, sich zu empören.

Klüngel-Beispiele wie das vorangegangene und wie viele andere aus Politik und Wirtschaft beleuchten jedoch das Prinzip von Geben und Nehmen. Wenn wir es für unsere Ziele und Aufgaben einsetzen, kann Klüngeln auch für Frauennetzwerke die optimale Möglichkeit sein.

Wir fördern uns, wir empfehlen uns. Wir sorgen gegenseitig für uns, unsere Beförderung, unsere Gewinne und unseren gesellschaftlichen Status. Ist das nicht ein wunderbar selbstbewusster Gedanke, der überdies eine soziale Komponente hat, nämlich den Aspekt gegenseitiger Verbundenheit?

Immer mehr berufliche Frauennetzwerke entstehen, in denen es als selbstverständlich gilt, dass Frauen von Netzwerken auch profitieren (siehe Seite 259 ff.). Die aktiven unter ihnen wissen, wo man Geld lockermachen kann, wie es aus den Kassen der Ministerien oder bei den Brüsseler Europakassen-Verwaltern zu holen ist. Sie knüpfen Verbindungen, motivieren, rekrutieren und wollen Einflussnahme. Mit anderen Worten: Sie nutzen den Klüngel für ihre eigenen Zwecke.

Wer gibt, muss auch annehmen können — «Lass mal. Ist schon gut.» – «Das ist doch nicht der Rede wert. Das habe ich doch gern gemacht. Das ist doch selbstverständlich.» Und beim ersten Anzeichen einer Gegenleistung: «Nein, das kommt gar nicht in Frage!» Kennen Sie diese Sätze? Sie haben gerade Ihren Feierabend geopfert, um einem Freund eine Übersetzung zu schreiben, Sie haben stundenlang über einem Text gebrütet oder Videos überspielt oder eine Statistik ausgewertet, Musik aufgenommen – und das alles werten Sie ab mit der Behauptung «Nicht der Rede wert»?

Schauen Sie sich ein Ballspiel an: Sie fangen den Ball, werfen ihn zurück, fangen ihn wieder, spielen zurück. Dasselbe gilt fürs Klüngeln: Meine Leistung gegen deine Leistung. Ich schenke dir meine Zeit, du schenkst mir deine, oder du lädst mich zum Essen ein oder denkst dir ein Geschenk aus. Die Klünglerin weiß, dass sie nehmen darf, dass sie damit die Regeln einhält. Mit Sätzen wie oben aber beenden Sie das Spiel, Sie lassen den Ball fallen. Ihre Mitspielerin mag zunächst angenehm überrascht sein, so unerwartet günstig an Ihre Leistung gekommen zu sein. Doch was soll sie danach tun? Sie beim nächsten Mal bitten, sich wieder ohne Gegenleistung für Sie einzusetzen? Abgesehen von notorischen Schmarotzern bringt es kaum jemand fertig, ständig um kostenlose Leistungen zu bitten. Das Unausgeglichene, die Schieflage kann sowohl zu Schuld- als auch zu Minderwertigkeitsgefühlen führen: Entweder Sie fühlen sich ständig in der Schuld, weil von Ihnen keine Gegenleistung angenommen wird, oder Sie fühlen sich minderwertig, weil Ihre Gegenleistung nichts wert zu sein scheint.

Lernen Sie, etwas anzunehmen, selbst unter guten Freunden und Freundinnen. Wenn Sie Ihrer besten Freundin den Rock kürzen, weil sie das nicht kann, werden Sie beim ersten Mal über ein strahlendes Dankeschön glücklich sein. Aber wenn die Freundin pausenlos ihre Röcke zu Ihnen trägt, wird sie sich schon deutlicher erkenntlich zeigen müssen. In diesem Fall erwarten Sie zu Recht einen

Ausgleich, und den sollten Sie auch annehmen. Überlegen Sie ruhig vorher, was Sie für Ihre Leistung haben wollen, und sprechen Sie diesen Wunsch aus. Ich zeichne keine Bilder mehr für Programmhefte oder Einladungen oder Festschriften, ohne dass ich mir irgendetwas dafür wünsche, etwa einen kostenlosen Werbeeintrag im Heft.

Die Teilnehmerin eines Klüngelworkshops erzählte, wie sie für einen Freund viele Stunden lang einen schwierigen Angebotstext ins Französische übertragen hatte, und er bedankte sich dann mit einer Tüte selbst gesuchter Nüsse. «Ich hatte mir vorher gar nicht überlegt, ob ich etwas haben wollte», sagte sie, «aber als er mit den Nüssen ankam, wusste ich, dass er weder vor mir noch vor meiner Arbeit Respekt hatte.» Dass ihre Arbeit Respekt verdient, wäre ihm sicher klar geworden, wenn sie zuvor eindeutig erklärt hätte, dass sie für ihre langwierige Arbeit etwas von ihm erwartete. Sie hätte zum Beispiel gerne einmal sein Motorboot ausgeliehen.

Klüngeln findet unter Anerkennung des jeweiligen Potenzials der anderen statt. Wer klüngelt, weiß, was die eigene Leistung wert ist. Die Klünglerin kennt diesen Wert und bestätigt ihn durch aktives Geben *und* Nehmen.

«Bei dem habe ich noch was gut» — Nicht jede Leistung muss sofort *ausgeglichen* werden. Oft ist das auch gar nicht möglich. Beim Klüngeln entsteht durch gegenseitiges Nehmen und Geben die Gewissheit, entweder sofort oder später einmal auf andere zurückgreifen zu können. Sie haben gestern geholfen, morgen wird Ihnen geholfen. Oder übermorgen. Sie dürfen sich ruhig merken, bei wem Sie noch «etwas gut haben», ebenso wie andere sich das von Ihnen merken.

Empfehlungen

Ihr Klüngelnetz ist Ihre Hängematte. Aus dieser Sicherheit heraus können Sie großzügig sein, großzügig auch mit Empfehlungen Dritten gegenüber. Davon haben Sie selbst erst einmal gar nichts, außer dass man Sie als Person schätzt, die über gute, brauchbare Kontakte verfügt und die auch bereit ist, ihr Klüngelpotenzial für andere einzusetzen. Letztlich ist Ihre «Großzügigkeit» dann doch nicht so selbstlos: Ihr Ruf als Insiderin, als Vermittlerin verbreitet sich.

{ «Suchst du einen Schreiner, eine Buchhalterin oder sonst jemanden, Mascha kennt garantiert jemanden!» Mascha, Mitarbeiterin bei einem freien Bildungsträger, eilt dieser Ruf voraus.

Ihre Chefin weiß das, ihre Kolleginnen wissen das – und ihren Spitznamen spricht man mit Hochachtung aus: «Kontaktbörse M.»

Der freie Bildungsträger suchte eine Buchhalterin. Mascha fiel sofort ihre Freundin ein, die sich beruflich ohnehin verändern wollte. Und es fiel ihr noch eine Bekannte ein, die Freundin ihrer Schwester, ebenfalls Buchhalterin und damals arbeitslos. Erst rief sie die Freundin an, weil diese ihr näher stand. Die Freundin lehnte ab, verändern ja, aber nicht wieder Buchhaltung. «Aber danke, dass du daran gedacht hast…» Dann rief Mascha die Freundin der Schwester an. Sie war sofort begeistert. Mascha vermittelte sie an die zuständige Chefin, es folgte ein kurzes Telefonat, dann sofort ein Vorstellungsgespräch ohne Auswahlverfahren. Die Stelle wurde gar nicht erst ausgeschrieben.

Die Chefin konnte auf Maschas Empfehlung ohne Bedenken vertrauen, weil sie bisher nur gute Tipps von ihr bekommen hatte.

Beschreiben Sie genau, warum Sie eine Person für dies oder jenes empfehlen, was Sie von ihr wissen und was nicht. Freuen Sie sich, wenn eine Vermittlung klappt, aber fühlen Sie sich nicht verantwortlich, wenn die Empfohlenen abgelehnt werden. Denn ob letztendlich die Chemie stimmt zwischen den Personen, die durch Ihre Hilfe zueinander finden sollen, das unterliegt nicht mehr Ihrer Zuständigkeit.

{ In einem Verein für berufliche Reintegration in einer westfälischen Kleinstadt begann ein Teilnehmer eine Bildungsmaßnahme. Er stammte, im Gegensatz zu den meisten anderen, aus dem Ort. Fest eingebunden in den örtlichen Schützenverein, den Kegelverein und den Kirchenchor, verfügte er über Kontakte, die dem Verein fehlten. Er kannte aus seinem Chor den kaufmännischen Leiter der größten Firma des Ortes, und er wusste, dass seine Ausbilder ständig auf der Suche nach Arbeitsplätzen waren, auf die die Teilnehmer nach abgeschlossener Ausbildung vermittelt werden konnten. Nach einer Chorprobe saßen der kaufmännische Leiter und der Umschüler zusammen und waren sich nach einem langen Gespräch einig: Was dort in der Ausbildung geschieht, ist eine unterstützenswerte Sache. Ob er seine Ausbilderin einmal an ihn verweisen könne, fragte der Umschüler seinen Chor-Freund. Der kaufmännische Leiter war einverstanden.

Die mit der Jobsuche beauftragte Mitarbeiterin des Vereins hatte es danach leicht. «Ich kam nicht als Bittstellerin wie sonst oft, ich konnte mich bei dem Leiter auf das Gespräch mit seinem Chor-Kollegen berufen. Das Interesse war bereits geweckt, und schon hatte ich die Zusage, dass sich einer unserer Teilnehmer vorstellen konnte.»

Der Umschüler setzte zunächst seine Ausbildung fort und wurde dann für längere Zeit krank. Seine Bildungsmaßnahme schien in Gefahr, doch die Jobvermittlerin schrieb die komplizierten Verlängerungsanträge für ihn, besorgte Gutachten und setzte sich persönlich für ihn ein. «Ich weiß, dass ich auf seine Verbindungen auch dann zurückgreifen kann, wenn er die Bildungsmaßnahme abgeschlossen hat», erklärte sie uns. Die fruchtbare und für alle Seiten nützliche Klüngelverbindung hat sich mittlerweile dauerhaft gefestigt.

Gegenleistungen

Sie sind in einem Amt oder in irgendeiner Firma. Die Person, mit der Sie sprechen, setzt sich für Sie ein, engagiert sich für Ihr Anliegen. Sagen Sie jetzt bitte nicht: «Das kann ich ja wohl erwarten, das ist doch selbstverständlich, dafür wird sie doch bezahlt.» Zeigen Sie Ihre Dankbarkeit, lassen Sie deutlich werden, dass ein solches Verhalten eben nicht unbedingt selbstverständlich ist. Eine Amtsleiterin zeigte uns voller Stolz den handgeschriebenen Dankesbrief eines Ingenieurs, der Ihre engagierte Arbeit und die schnelle Amtshilfe lobte. So etwas habe sie in ihrer ganzen Amtszeit noch nicht erlebt. Und die Leiterin eines Supermarktes, die lange herumtelefoniert hatte, bis sie die Besitzerin einer verlorenen Scheckkarte herausgefunden hatte, hielt ganz gerührt einen riesigen Blumenstrauß in den Händen. So erhält man sich die Möglichkeit, auch später wieder auf Verbindungen zurückgreifen zu können. Ganz abgesehen von dem nützlichen Kontakt schaffen Sie so eine Atmosphäre der gegenseitigen Akzeptanz und Anerkennung. Würdigen Sie deshalb den Einsatz anderer.

Am Erfolg teilhaben lassen — Jemand hat für Sie geklüngelt, Sie empfohlen, Ihnen einen Tipp gegeben, sich für

Sie eingesetzt. Nehmen Sie das nicht einfach dankbar hin, ohne je wieder von sich hören zu lassen. Eine Rückmeldung ist das Mindeste. Zeigen Sie ruhig auch Ihre Freude, wenn Sie durch die Mithilfe erfolgreich waren. Lassen Sie die andere an Ihrem Erfolg teilhaben, es ist auch ihr Erfolg. Und es motiviert, Sie weiterhin zu unterstützen und den Klüngelkontakt in Gang zu halten.

Eine Lehrerin an einer Sprachenschule erzählte uns, wie sie durch Vermittlung einer Sekretärin endlich den Chef persönlich sprechen konnte. Die Sekretärin hatte richtig geklüngelt und ein zufälliges Treffen arrangiert, bei dem die Lehrerin endlich ihren Herzenswunsch loswerden konnte: Erweiterung ihres Unterrichtsbereichs auf die italienische Sprache. Alles klappte – und sie hat sich bei der Sekretärin nicht einmal bedankt. «Ich wollte immer einen Blumenstrauß vorbeibringen, aber es kam ständig etwas dazwischen.» Auf einen weiteren Klüngeleinsatz der Sekretärin wird sie kaum hoffen können.

Loyalität als Gegenleistung — Es gibt noch eine andere Gegenleistung, die nach einer Förderung oder Beförderung erwartet wird: Loyalität. Vor allem in männlichen Netzwerken gehört Loyalität zu den Selbstverständlichkeiten. Der Beförderte hat die Aufgabe übernommen, zur Stärkung des Netzwerkes beizutragen, er ist ein neuer Stützpunkt im Netz. Oder ganz einfach gesagt: Wer Sie befördert, erwartet, dass Sie seine Interessen vertreten und ihm nicht in den Rücken fallen.

Ein Dankeschön: die Würdigung einer Hilfe — Mit derselben Selbstverständlichkeit, mit der die Klünglerin nehmen kann, gibt sie. Sie gibt mit Bedacht und Überlegung und nicht einfach irgendwas. Sie stellt sich die Frage: «Womit mache ich Freude? Womit bleibe ich in Erinnerung?» Denn ihr Dankeschön soll eine Klüngelbeziehung festigen.

Wenn Sie sich fragen, welches «Dankeschön» Sie wählen sollen, fragen Sie sich zuerst: Was wissen Sie von der Person? Je mehr Sie wissen, desto einfacher wird es für Sie sein, etwas Passendes zu finden (siehe auch Seite 88 ff.). Vielleicht haben Sie sich in Ihrer Klüngel-Kartei bereits ein paar Ideen notiert. Jetzt können Sie dieses Potenzial nutzen, jetzt kommt Ihre frühere Neugier zum Tragen. Was haben Sie an Wissenswertem im Gedächtnis gespeichert oder notiert? Welche Interessen hat die Person? Kunst, Literatur, Sport, Reisen? An welchen Themen ist sie interessiert, welche Genüsse schätzt sie? Kurzum: Womit können Sie ihr eine Freude machen?

Suchen Sie nach einem gemeinsamen Nenner, der Sie verbindet. Damit können sie die Intensität Ihrer Klüngelbeziehung forcieren. Dabei müssen es absolut nicht immer Geschenke von materiellem Wert sein. Angestellten im Verwaltungsbereich und Beamtinnen ist die Annahme von materiellen Geschenken ohnehin meist untersagt. Aber das können Sie tun:

- Anrufen: In kleineren Fällen von Unterstützung kann das genügen. Ihre Rückmeldung mit genauer Ergebnisschilderung wird mit Freude angenommen. Garnieren Sie das Ganze mit ein paar internen Informationen aus dem Gespräch, mit einem Kompliment über den großartigen Kontakt oder über die kluge Einschätzung der Situation.
- Schreiben: Einen Dankesbrief bekommt man nicht jeden Tag. Er wird mit Stolz gelesen und hängt womöglich für viele sichtbar an der persönlichen Pinnwand.

Ebenso auch die witzige Postkarte, die sie sich haben einfallen lassen.
- Gemeinsam das Ergebnis feiern: Die Einladung zu einem Abendschoppen oder zum Essen vertieft den Kontakt.

Überhaupt lässt sich durch Ihr Dankeschön ein Kontakt verstärken und in neue Richtungen lenken. Beim gemeinsamen Essen, beim gemeinsamen Theater- oder Konzertbesuch ergibt sich die Gelegenheit zu ausgiebigeren Gesprächen. Sie werden etwas Neues über Ihr Gegenüber erfahren, Sie erweitern Ihren Klüngelbereich.

Ebenso wichtig und stärkend für Ihre Klüngelbeziehungen kann auch ein Dankeschön ganz anderer Art sein: das Angebot Ihrer Unterstützung. Welche Empfehlung kann die andere brauchen? Fragen Sie nach, was Sie für sie tun können. Oder bieten Sie ihr an, dass Sie sich jederzeit an Sie wenden kann.

Hier ein kleiner Katalog von «Geschenk»-Möglichkeiten:
- Sie können emotional unterstützen, Ihre Kraft und Stärke anbieten.
- Sie bieten Ihre fachliche Unterstützung an. Hier können Sie Ihre beruflich oder privat erworbenen Kompetenzen einbringen, seien es Ihre PC- oder Sprachkenntnisse, Ihre Ausschuss- oder Ämtererfahrungen, Ihr Buchhaltungswissen oder Ihre Kontakte zu Verbänden und Fachzeitschriften.
- Verschenken Sie eines Ihrer Produkte oder bieten Sie eine gemeinsame Werbemöglichkeit an.

Was immer Sie für angemessen halten, hier können Sie neue Weichen für Ihren Klüngelkontakt stellen. Auch das Geben trägt zum weiteren Ausbau des Netzwerkes bei. Die anderen werden Sie noch nachhaltiger in Erinnerung behalten und sich vielleicht bald schon bei Ihnen melden.

Vorleistungen

Haben Sie sich schon einmal gefragt, wie Sie in ein bestehendes Klüngelnetz einsteigen können? Durch Vorleistungen schaffen Sie sich die Möglichkeit, auf sich aufmerksam zu machen. Es ist wichtig, dass man von Ihnen Kenntnis nimmt. Die anderen sollen Ihre Angebote und auch Ihre persönliche Bereitschaft kennen, sich einzubringen.

Wenn Sie in eine Arbeits- oder Freizeitgruppe eintreten oder Mitglied in einem Verein oder Verband werden, dann suchen Sie die Gelegenheit, sich mit Ihrem Klüngelpotenzial vorzustellen. Bieten Sie eine Leistung an, die von den anderen genutzt werden kann. Das kann Ihr Fachwissen sein, oder Sie können Arbeiten übernehmen. Sie haben Möglichkeiten, Kontakte herzustellen, Informationen zu vermitteln oder zur Verfügung zu stellen – also bieten Sie es an. Sie können Ideen beisteuern, Aktivitäten unterstützen oder neue anregen. Alles, was Sie können, was Sie auszeichnet, sollten die anderen erfahren. Hüten Sie sich aber vor Übertreibungen. Was Sie nicht einhalten können, was Ihnen später nur lästig ist, das versprechen Sie besser erst gar nicht. Wenn Sie Zusagen geben, achten Sie unbedingt darauf, sie auch einzuhalten. Auch wenn es nur ein Brief sein sollte, den Sie versprechen zu schreiben, oder ein Telefonat, das Sie führen wollen. Schieben Sie nichts lange vor sich her. Mit einer schnellen Reaktion zeigen Sie, dass Sie Ihre Zusage wichtig und ernst nehmen. Die Vereinsfrau, die sich mit Beziehungen zum Stadtrat brüstet und dann nicht aktiv wird, die Verbandsfrau, die sich um juristische Stellungnahmen kümmern will und das Ganze dann vergißt, sie alle haben ihren Klüngeleinsatz schnell verspielt.

Wenn Sie eine Bitte nicht selbst erfüllen, eine Aufgabe nicht selbst übernehmen können, dann helfen Sie mit, darüber nachzudenken, wer darauf angesprochen werden könnte. Damit erhalten Sie sich trotz Ablehnung den Ruf einer aufgeschlossenen Klüngelpartnerin.

Anderen zum Erfolg verhelfen — Sicher mag es hin und wieder angenehm sein, für die eigenen Fähigkeiten bestaunt und bewundert zu werden – für das Klüngeln bringt es wenig. Wenn Sie aber Ihr Wissen so vermitteln, dass andere es übernehmen und eigenständig damit arbeiten können, werden Sie als Klünglerin gefragt sein.

Ein Beispiel aus dem Sport:

Sie sind als gute Tennisspielerin in Ihrem Club bereit, eine Mitspielerin zu trainieren, um sie auf ein Turnier vorzubereiten. Jetzt haben Sie zwei Möglichkeiten: Entweder Sie beweisen ihr während des Spiels, wie großartig Sie selbst spielen. Sie zeigen ihr zwei, drei Trainingsschläge –

und dann folgt der absolute Superaufschlag, die nicht haltbare Rückhand. Vielleicht beeindruckt das Ihre Mitspielerin, wahrscheinlicher ist aber, dass es sie frustriert. Sie haben sie nicht erfolgreich machen wollen, Sie haben nur gezeigt, wie erfolgreich Sie selbst sind.

Wenn Ihnen daran liegt, dass Ihre Mitspielerin erfolgreich wird, werden Sie anders vorgehen: Sie weisen sie ein in die Techniken, die sie im Turnier eigenständig und unabhängig von Ihnen einsetzen kann.

Je nachdem, welche der beiden Verhaltensweisen Sie wählen, prägen Sie Ihr Image: Entweder werden Sie wegen Ihres herausragenden Spiels bewundert, aber niemand wird Sie als Trainerin empfehlen, oder Sie erwerben sich den Ruf einer Trainerin, von der jede gern profitiert. Im letzteren Fall holt man sich bei Ihnen Tipps ein, oder der Verein wird Sie in die Vorbereitungen des Turniers mit einbeziehen. Im ersten Fall sind Sie für die anderen als Klünglerin in voller sportlicher Schönheit gestorben.

Das lässt sich auf alle anderen Bereiche übertragen, ganz gleich, ob Sie Können oder Wissen vermitteln. Die EDV-Trainerin, die Ihnen zeigt, wie blitzschnell sie die Programme hervorzaubert und Sie nicht gründlich in die Handhabung einarbeitet, die Mentorin, die immer nur erzählt, wen sie alles kennt, aber nie Kontakte herstellt, sie alle haben kein echtes Interesse daran, Sie erfolgreich zu machen.

Mit Vorleistungen ins Geschäft kommen — Wir inserieren, annoncieren, verteilen Flugblätter oder verschicken Werbebriefe: All das sind geläufige Marketingstrategien.

Die Klünglerin aber denkt weiter. Sie denkt an ihr Umfeld, ihr Netz. Sie ist umgeben von Menschen, die ihr Produkt, ihre Dienstleistung weiterempfehlen können.

Eine Grafikerin, die ich bisher nur flüchtig über ein Künstlerinnennetzwerk kannte, rief mich an: Sie habe einige Druckaufträge weitergegeben, und der Drucker habe gesagt, dass auf der Druckvorlage noch Platz für eine Postkarte übrig bliebe. Er könne daher noch einen kleinen Zusatzauftrag kostenlos mitlaufen lassen. Ich hätte doch mal etwas von Postkarten gesagt, die ich gerne drucken lassen wollte. Auf diese Weise habe ich einen ganzen Stapel Postkarten bekommen. Die Grafikerin kenne ich mittlerweile sehr gut und empfehle sie, wo immer ich kann.

Vorleistungen sind ebenso vorausschauend wie zielstrebig eingesetzte Strategien. Sie bauen darauf, dass wir alle uns viel schneller von einer direkten Aktion als von langwierigen Ritualen des Kennenlernens beeindrucken lassen. Mit Vorleistungen kann ich verschiedene Stufen der Annäherung überspringen. Eine Metallwerkstatt, mit deren Inhaberin ich einmal ganz kurz über das Problem gesprochen hatte, Figuren aus harten Materialien zu schneiden, fertigte ohne Auftrag ein kleines Modell an. Die Zeichnung dafür hatte ich versehentlich liegen gelassen. Sie rief mich an, sie wolle nur eben die liegen gelassene Zeichnung zurückbringen – und die hing dann an dem Modell. Jetzt haben wir mit einer Serienfertigung begonnen.

Eine Vorleistung annehmen — Vorleistungen sollen eine gute Atmosphäre schaffen, die Bereitschaft zum Geschäftsabschluss steigern, den Willen zu gemeinsamen geschäftlichen Aktionen stärken.

Vorleistungen von Geschäftsfrau zu Geschäftsfrau sind an der Tagesordnung. Als Selbständige können Sie über ein großes Repertoire an Möglichkeiten frei verfügen und so Ihre Geschäftspartner locken, z. B. mit einer Einladung in Ihr Ferienhaus. Der geschäftliche Kontakt läßt sich so freundschaftlich vertiefen – dafür investieren Sie Ihr eigenes Geld. Beamte und Angestellte im Staatsdienst sind dagegen für Steuergelder verantwortlich, sie dürfen erst gar nicht daran denken, Geschenke und Einladungen anzunehmen, weder als Vorleistung noch als Dank. Und Angestellte müssen ebenfalls genau abwägen, ob jemand, der sie mit großen Geschenken bedenkt, nicht Forderungen damit verknüpft, die den Interessen des Arbeitgebers entgegenstehen. Mit «Vorleistungen» können sich daher nur Selbständige und Privatleute gegenseitig anreizen. Aber bedenken Sie:

Kleinere Geschenke erhalten die Freundschaft – größere verpflichten.

Überlegen Sie immer genau, ob Sie eine Verpflichtung auch wirklich eingehen wollen. Manchmal ist das gar nicht nötig, denn man kann eine Menge bekommen auch ohne Vorleistung, nur durch ein Herumfragen, natürlich bei den richtigen Leuten. Wie in der folgenden Geschichte:

{ Auftritt der Rolling Stones in Dortmund. Auf der VIP-Tribüne tummelt sich die Geschäftswelt, Direktoren der Kaufhauskonzerne, Größen der Gastronomie, der Medien, der Verwaltung. Einfluss pur – und alle fühlen sich bei dem Konzert wieder ganz jung. Mittendrin Bettina L., ehrenamtliche Öffentlichkeitsreferentin eines kleinen, freien Theaters, dessen ständige Finanzprobleme allgemeines Dauerthema sind. Bettina L. genießt nicht nur die Rolling Stones, sondern schaut sich mit Kennerblick um und hat endlich einige interessante

Ansprechpartner entdeckt. Sie drängt sich zu ihnen durch und verkündet: «Unsere Lichtanlage steht kurz vor dem Zusammenbruch, eine neue können wir nicht bezahlen. Übermorgen findet die Vorstellung im Dunklen statt. Findet sich in diesem erlauchten Kreis niemand, der uns helfen kann?» Die Angesprochenen reagieren prompt. Die Vertreterin einer Lokalzeitung will – wieder mal – über die Nöte des Theaters schreiben, der örtliche Radiosender wird eine Sendung bringen. Da hat jemand eine Idee: «Bernd hat eine Firma für Bühnenbeleuchtung und besitzt ausrangierte Teile, die er nicht mehr braucht, die aber noch hervorragend funktionieren.» Kurze Absprache, wer ruft ihn an? Bettina L. soll sich auf die Fürsprache eines Geschäftsfreundes berufen können. Gegenseitiges Schulterklopfen: «Das haben wir mal wieder gut hingekriegt!» Bettina verspricht Freikarten zur nächsten Premiere. Die Beleuchtungsfirma wird im Programmheft erwähnt, und die Zeitung berichtet auch darüber.

DIE KLÜNGLERIN KNÜPFT KONTAKTE

Als Klünglerin sind Sie kontaktfreudig. Sie gehen offen auf Menschen zu und suchen das Gespräch mit ihnen. Jedenfalls nehmen Sie sich das vor. Leicht fällt es Ihnen vermutlich nicht immer. Aber es wird einfacher, wenn Sie vorbereitet sind.

Wir zeigen Ihnen einige Möglichkeiten, wie Sie Kontakte knüpfen und vertiefen können, und sagen Ihnen, worauf Sie achten sollten.

Sich vorbereiten

Sie wollen zu einem Fest, zu einer Tagung, zu einem Empfang gehen. Bevor Sie sich auf den Weg machen, nehmen Sie sich die Zeit für ein paar Überlegungen: Denken Sie darüber nach, wen Sie treffen könnten. Jedes Treffen, jede Veranstaltung ist auch eine Chance, Ihr Kontaktfeld zu erweitern. Also überlegen Sie, ob Sie auf irgendwelche Leute stoßen könnten, die Sie kennen lernen wollen. Oder möchten Sie einen Kontakt vertiefen? Könnte sich die Gelegenheit bieten, Herrn X oder Frau Y auf ein Thema anzusprechen, das so interessant für beide wäre, dass sie mit Ihnen in Verbindung kommen wollen? Bei der privaten Einladung zum Fest Ihrer besten Freundin ist es noch am einfachsten; die meisten Gäste werden Sie kennen, und Sie kennen natürlich auch die Gastgeberin. Dennoch: Wie hieß noch mal der Nachbar, der beim TÜV arbeitet? Und wie war der Name dieser Augenärztin, die mit Laserstrahl operiert?

Versuchen Sie sich zu erinnern. Es freut Sie doch auch, wenn jemand auf Sie zukommt und sich genau an Sie erinnert. Und schon bietet sich ein Anknüpfungspunkt für weitere Gespräche.

Bei Tagungen und Kongressen geht es nicht mehr so familiär zu. Doch umso mehr gilt auch hier die Empfehlung: Bereiten Sie sich vor. Ganz gleich wohin Sie gehen, ob zu einer Großveranstaltung, einer Fortbildung, einem Meeting oder einem Firmenjubiläum, sammeln Sie Vorinformationen. Lesen Sie, wenn vorhanden, die Teilnehmerinnenliste. Wen kennen Sie und woher? Wer hat was gemacht? Prägen Sie sich die Namen der Referentinnen und Referenten ein. Rufen Sie sich die Menschen in Erinnerung, die Sie bei ähnlicher Gelegenheit getroffen haben.

Woran werden Sie sie wieder erkennen? Versuchen Sie sich ein Bild zu machen: Können Sie sich das Gesicht noch vorstellen, die Körperhaltung, Sprache oder Gestik? Erinnern Sie sich an die Kleidung? An das, was die Personen geschäftlich und privat über sich gesagt haben?

Bei großen Tagungen und Kongressen finden Sie häufig Fotos der Referentinnen auf den Einladungen oder auf beigelegten Prospekten. Schauen Sie sich genau an, wie diese Leute aussehen, was Sie tun, für was sie verantwortlich sind oder worüber sie reden werden. Prägen Sie sich ein paar wichtige Namen ein, mit Funktion und Aufgabe: «Ich habe Sie gleich erkannt, Ihr Bild in der Einladung hat mir gut gefallen. Ich bin gespannt auf Ihren Vortrag.» Fast alle reagieren auf solche Ansprache erfreut oder geschmeichelt. Das kann der Einstieg in ein weiteres Gespräch werden.

Wird die Veranstaltung in einem großen oder kleinen Raum stattfinden? Geht es festlich zu oder handelt es sich um eine schlichte Fortbildung? Werden Sie stehen und herumgehen können, oder sitzen Sie lange auf demselben Platz? Benutzen Sie Ihre Vorstellungskraft und freunden Sie sich mit der Situation an. Sie fühlen sich dann sicherer, denn zu viele ungewisse Faktoren verunsichern.

Wenn Sie die Veranstaltungsräume bereits kennen, schauen Sie sich in Gedanken darin um: Wo wollen Sie sitzen, und vor allem: neben wem? Diese Frage ist immens wichtig, schließlich wollen Sie hier die eine oder andere Klüngel-Vorbereitung einleiten. Da nutzt es überhaupt nichts, wenn Sie neben dem freundlichen Herrn aus der Bekleidungsbranche sitzen, aber eigentlich mit der Finanzberaterin am Ende des Tischs über deren Beitritt in Ihren Investment-Club reden wollten. Und wenn Sie mit Ihrer Kollegin aus dem Einkauf bei einer Firmenbesprechung endlich einen persönlicheren Kontakt aufbauen wollen, vielleicht damit ihre kleinlichen Sticheleien endlich aufhören, dann setzen Sie sich nicht neben Ihren Chef.

Bereiten Sie sich unbedingt darauf vor, worüber Sie mit wem reden wollen. Wer ist auf welche Themen ansprechbar? Auf welches Ereignis, auf welche Person können Sie Bezug nehmen? Eventuell ist auch dies zu bedenken: Welches Thema müssen Sie bei wem vermeiden, um nicht zu verletzen oder Ärger hervorzurufen? Wenn Sie wissen, dass Ihr Kollege bei einer Beförderung übergangen wurde, ist es sicherlich ratsam, dieses Thema zum jetzigen Zeitpunkt nicht anzusprechen.

Stimmen Sie sich innerlich ein — Wir kennen wahrscheinlich alle das Lampenfieber, das uns überfällt, wenn wir an einen Ort gehen, wo uns niemand kennt oder wo uns alle tüchtig und mächtig erscheinen.

Die Empfehlung klingt ein bisschen therapeutisch, hilft aber ungemein: Stellen Sie sich vor, dass die Menschen Ihnen dort wohl gesonnen sind. Sie könnten Ihre Freundinnen und Freunde werden. Sie könnten Spaß mit Ihnen haben. Sie könnten mit ihnen lachen.

Sie kennen sicher den alten Trick, wie Sie der Angst vor so genannten Autoritäten vorbeugen können: Stellen Sie sich diese Autoritäten im Nachthemd vor. Wenn Sie das Bild zum Lachen oder doch wenigstens zum Schmunzeln bringt, lässt Ihre Angst prompt nach. Bei mir funktioniert eine andere Vorstellung besser: Ich stelle mir vor, wie diese Menschen im Baströckchen tanzen. Vielleicht liegt es daran, dass ich einmal in Spanien eine Gruppe von Starverkäufern eines Autokonzerns so habe herumhüpfen sehen. Danach haben Sie mir auch beim Festbankett im Smoking nicht mehr sonderlich imponiert. So konnte ich sie ohne weiteres auf Urlaub, Familie und natürlich auf Autos ansprechen.

Und jetzt zu Ihnen selbst. Was wollen Sie ausstrahlen? In welcher Stimmung wollen Sie hingehen? Wie wollen Sie sich «einschwingen»?

Für das «Einschwingen» bot uns kürzlich eine Radiomoderatorin ein eindrucksvolles Beispiel: Wir saßen stocksteif in einem Studio und warteten auf das Interview. Noch lief die Musik vom Band, die Moderatorin pendelte auf ihrem Stuhl vor und zurück und katapultierte sich plötzlich mitten aus diesem Schwung hinein in eine rasante Ansage. Ebenso mitreißend wie ihre Bewegungen klang auch ihre Stimme. Nach einem frustrierenden Tag, nach einer anstrengenden Besprechung ist es oft gar nicht so einfach, gut gelaunt irgendwo zu erscheinen. Eigentlich wollten Sie Kontakte knüpfen – aber schlecht gelaunt oder gestresst gehen Sie anderen nur auf die Nerven, mitreißend wirken Sie jedenfalls nicht. Versuchen Sie es mit Musik. Ganz gleich ob Klassik, Pop oder Volksmusik: Hauptsache, Sie kommen in Schwung. Hauptsache, Sie sind eine gut gelaunte Frau, mit der sich fröhlich klüngeln lässt.

Wir haben lange überlegt, ob wir das Thema Kleidung überhaupt ansprechen sollen. Wir tun es aus folgendem Grund: Wir raten, nicht allzu konform zu gehen. Tragen Sie nicht die Kleidung, von der Sie glauben, dass andere erwarten, dass Sie sie tragen. Tragen Sie das, worin Sie sich sicher und fit fühlen. Passen Sie Ihre Kleidung Ihrem Anlass an. Wenn Sie sich im schicken Kostüm wohl und sicher fühlen, ist das in Ordnung. Wenn Sie schrille Sachen lieben und damit Ihren Hang zum Ausgefallenen bekunden wollen, ist das auch okay. Lady Gaga haben ihre schrillen Outfits schließlich auch mehr Ruhm und Reichtum eingebracht als ihre Stimme. Ein Kleid aus rohem

Fleisch ist für die Sekretärinnentagung zwar vielleicht nicht die beste Empfehlung, aber wenn Sie sich in ein graues Kostüm zwängen, nur weil Sie glauben, Grau sei angesagt, werden Sie den ganzen Tag nicht Sie selbst sein. Der bunte Hosenanzug, den Sie sonst tragen, würde Ihre Stimmung um das Dreifache heben, und Ihre Lust am Klüngeln auch.

Sie sind eingeladen, Sie gehen hin. Gönnen Sie sich auch hier wieder etwas Zeit. Das Haus, das Sie betreten, hat ein Flair, das etwas aussagt. Schauen Sie ruhig genau hin. Und wenn Sie eintreten, nehmen Sie die Räumlichkeiten wahr, lassen Sie sie auf sich wirken. Auch das macht Sie sicherer. Sie wissen jetzt, wo Sie sind. Fällt Ihnen etwas Besonderes auf? Die ungewöhnliche Beleuchtung? Die bunten Teppiche? Eine dominierende Farbe? Das könnte schon der Einstieg in ein Gespräch werden (siehe auch «Das Warming-up» auf Seite 207).

Der erste Kontakt — Jetzt sind Sie mittendrin. Sie nehmen die anderen wahr und werden selbst wahrgenommen. Sie können nun in einer Ecke herumstehen, sich an Ihren Unterlagen oder an Ihrem Glas festhalten, in der Hoffnung, dass Sie niemand anspricht. Aber das ist Schnee – sprich: Verhalten – von gestern. Ihre Neugier ist so groß, dass Sie freundlich auf die Menschen zugehen und Augenkontakt aufnehmen. Schauen Sie die Menschen an, die Sie kennen lernen wollen. Über den Augenkontakt finden wir Zugang, können wir feststellen, ob uns jemand wahrgenommen hat und zuhört. Und auch Sie selbst vermitteln durch Ihr Hinsehen, dass Sie offen für andere sind. Versuchen Sie einmal sich vorzustellen, wie es wäre, wenn Sie flirteten, ohne hinzugucken. Das funktioniert nicht? Eben. Es funktioniert nicht.

Die Begrüßung — Das gegenseitige Begrüßen ist kultur- und situationsabhängig. Sich zunicken, Händeschütteln, Schulterklopfen, umarmen, Küsschen rechts, Küsschen links – alles ist möglich, wenn es passt: Küsschen für liebe Freundinnen und Freunde, Händeschütteln für die weniger Nahestehenden. Mit dem Händedruck überwinden wir eine Barriere. Sie geben Ihre Hand und Sie nehmen die andere – ein Geben und Nehmen im wortwörtlichen Sinne. Der Händedruck kann Sympathie vermitteln, Gleichgültigkeit oder Macht, er kann wohltuend sein oder gar Ekel hervorrufen. Mit einem Händedruck können Sie in Erinnerung bleiben.

Bei einer Begrüßung die Hände auf dem Rücken festzuhalten oder in den Taschen zu vergraben wirkt distanziert, oft ungewollt arrogant. Sie können Ihr Desinteresse damit kundtun, wenn Sie das wollen. Doch um Kontakt aufzunehmen, eignet sich diese Begrüßungsform nicht.

Ihr Name — Ohne Namen sind wir Schall und Rauch. Sie wollen bei anderen im Gedächtnis bleiben, möglichst mit Ihrem vollständigen Namen. Nennen Sie deshalb immer Ihren Vor- und Nachnamen. Beides zusammen klingt persönlicher und lässt sich manchmal leichter merken. Ich sage oft «Anni Hausladen – wie das Haus mit Laden». Und wenn dann jemand merkwürdig guckt, setze ich noch eins drauf: «Sie haben richtig gehört: Hausladen – geborene Intershop.»

Oder hängen Sie Ihrem Namen eine kleine Geschichte an, irgendetwas, das andere geradewegs dazu drängt, weitere Fragen zu stellen. Eine Musikerin stellte sich folgendermaßen vor: «Annette B. – Alphorn und Blockflöte.» Es stellte sich heraus, dass sie tatsächlich beides spielt, übrigens demnächst auch auf der Vernissage meiner Freundin.

Wenn ich sage: «Anni Hausladen, die Frau mit den Klüngel-Workshops», sind wir sofort in der nächsten Klüngeldebatte.

Die Namen der anderen — Wie wichtig es beim Klüngeln ist, sich die Namen der anderen zu merken, haben wir bereits ausführlich erklärt (siehe Seite 112). Hier noch eine Ergänzung: Wenn Sie im Gespräch sind und andere kommen hinzu, dann vergessen Sie nicht, die Hinzukommenden namentlich vorzustellen. Wir erleben häufig, dass ein Gespräch nur kurz unterbrochen wird – «Hallo, nett, dich auch hier zu sehen...» –, und dann wird das Gespräch fortgesetzt. Eine ziemlich unangenehme Situation für die «Neuen». Ebenso wie Sie selbst vorgestellt werden wollen, stellen Sie auch die anderen vor. Ebenso wie Sie Zugang zu anderen finden wollen, können Sie für andere den Zugang herstellen.

Die Gastgeberinnen-Rolle — In den Salons der früheren Jahrhunderte, in denen sich gebildete Frauen regelmäßig mit ihren Gästen trafen, wurden Gesellschaften gegeben, auf die wir heute nur noch mit Neid blicken können: Eine aktive, geistreiche und unabhängige weibliche Gastgeberin sorgte dafür, dass alle Gäste miteinander bekannt wurden, dass die Konversation nie erlahmte, dass junge Talente aus eigenen Schriften vorlasen und berühmte Zeitgenossen die Geladenen mit ihren Gedanken bereicherten. Zugegeben, die Damen waren allesamt aus reichem Hause, sie konnten sich ohne nervösen Blick auf den Backofen der kultivierten Konversation widmen, fürs Teekochen und Suppeservieren hatten sie selbstverständlich Personal.

Dennoch, manches ist auch auf uns übertragbar. Zunächst einmal: Überlassen Sie Ihre Gäste nicht sich selbst. Kümmern Sie sich um die gegenseitige Vorstellung und um das Herstellen von Beziehungen, bringen Sie die passenden Leute zueinander, stellen Sie die Verbindung her, die sich andere wünschen. Und wenn es irgendwie möglich ist, befreien Sie sich von Getränkebeschaffung und Essenszubereitung. Lernen Sie zu delegieren. Eine Lehrerin, Mitglied im Stadtrat, veranstaltet jährlich eine Art «Sommer-Klüngel-Fest» in ihrem Haus. Die Leute drängen sich dorthin, weil man immer wieder neue Leute trifft. Die Gastgeberin hat sich für diesen Tag ausschließlich ihre «Repräsentationspflichten» vorbehalten. Ihr Mann und ihre beiden Söhne sorgen fürs Buffet und die Getränke. Wir wissen nicht, womit sie sie bestochen hat, aber die Herren spielen ihre Rolle gut. Jedenfalls zeigt sich, dass es auch so funktionieren kann.

Sie können solche Arrangements auch mit Ihren Freundinnen im Austausch treffen – wieder so eine Art Klüngel. «Ich habe mich sehr wohl gefühlt. Und immer wieder lerne ich bei dir neue Leute kennen.» – Wenn Ihre Gäste das sagen können, dann war Ihre Einladung ein Erfolg, für Sie und für Ihre Gäste.

Haben Sie schon einmal daran gedacht, Ihre Einladung mit einer kleinen Eröffnungsrunde zu beginnen? Wenn nur wenige sich kennen, ist das spannend, und auf jeden Fall werden alle Anwesenden viel schneller miteinander bekannt. Alle nennen ihren Namen und hängen eine Bemerkung an, die etwas über sie aussagen soll. Die Themen können Sie vorgeben, zum Beispiel: «Was beschäftigt mich zur Zeit am meisten?» Für viele Ihrer Gäste kann das ein Aufhänger für weitere Gespräche sein. Wir haben einmal zu einem runden Geburtstag mit vielen Geladenen selbst zu jeder Person ein kleines Erlebnis erzählt, das uns mit ihr verband, allerdings ohne den Namen zu nennen, der erraten werden musste. Die Vorbereitung hat zwar einige Stunden gekostet, aber der Spaß war es wert, und danach war es ganz leicht, Anknüpfungspunkte für Gespräche zu finden.

Es gibt Bücher über Partyspiele, die Gäste untereinander näher bringen sollen. Aber als kontaktfreudige Klünglerin fällt Ihnen vielleicht selbst etwas ein.

Das «Warming-up»

«Warming-up» bedeutet sich «warm laufen», das Fremdsein überwinden, eine Gesprächsatmosphäre schaffen. Ihr Gegenüber ist kein Auskunftsautomat, kein Datenträger. Sie wollen ins Gespräch kommen mit einem Menschen, der eine Ausstrahlung hat, einen eigenen Geschmack, einen eigenen Stil. Darüber lässt die Einrichtung des Büros oder der Wohnung schon einige Rückschlüsse zu. Schwere, dunkle Eichenmöbel und das Bild des Firmengründers in Öl an der Wand oder hochaktuelles italienisches Design, ungewöhnliche Farben und Formen? Das Ambiente verrät Ihnen schon viel über die Eigenheiten, den Geschmack und die Interessen Ihres Gegenübers. Die Person erhält so Kontur. Und natürlich sagt auch die Person selbst einiges über sich aus, auch ohne etwas zu sagen. Achten Sie nur darauf, wie sie auf Sie wirkt: streng und formal oder offen und locker? Scheint sie sehr ernsthaft oder fröhlich? Wirkt sie gestresst oder entspannt? Wenn Sie das herausfinden, wissen Sie auch, welche Ansprache diese Person schätzt, vor allem aber, was sie nicht schätzt. Ein lockerer Scherz zu Beginn kann den Einstieg erleichtern oder erschweren. Das spüren Sie, wenn Sie darauf achten. Ein Kompliment über ein besonders schick gestyltes Büro kommt fast immer gut an.

Ohne das richtige «Warming-up» wird oftmals eine gewisse Kühle für den Verlauf der weiteren Beziehung vorgegeben, völlig ungeeignet für ein «Miteinander-Klüngeln».

Stellen Sie eine Gesprächsatmosphäre her — Wie immer Sie beginnen, welchen Einstieg Sie auch wählen: Denken Sie daran, dass Sie am Anfang den Grundstein legen, die emotionale Basis schaffen. Das vor Ihnen liegende Gespräch ist wichtig, aber denken Sie nicht nur an das, was Sie sagen wollen. Sie haben sich umgeschaut, Sie haben eine ungefähre Vorstellung von der Person, lassen Sie das alles einen Moment auf sich wirken. Jetzt bekommen Sie ein Gefühl dafür, welche Sprache, welcher Stil hier passt. Sie haben nun genug Anknüpfungspunkte, so genannte «Türöffner» zum «Warming-up» für Ihr Gespräch. Mit den ersten Sätzen schaffen Sie die Gesprächsatmosphäre, und die soll möglichst angenehm und persönlich werden.

Wenn Sie die Situation falsch einschätzen, etwa mit einem übertrieben forschen Stil Ihre eher konservativ wirkende Gesprächspartnerin überfahren, werden Sie lange daran arbeiten müssen, die Atmosphäre wieder zu entspannen.

Das folgende Gespräch in einer Düsseldorfer Werbeagentur ist ein besonders krasses Beispiel dafür:

Chaos im Büro. Die Chefin hat den halben Vormittag damit verbracht, ihr Büro umzuräumen. Sie ist genervt. Die Tür geht auf.

«Guten Tag. Ach... Hat Ihre Sekretärin Urlaub?»

«Sie wünschen …?» Die Chefin zuckt nervös mit den Augenlidern. Die junge Dame schaut mit freundlicher Gleichgültigkeit auf die herumliegenden Papiere.

«Sie sollten das umgekehrt sehen: Sie wünschen eine Assistentin – hier bin ich!»

Die Chefin schaut ungläubig.

«Hat mir Ihr Vermieter erzählt. Sie wollten eine Anzeige aufsetzen? Das Geld können Sie sich sparen. Wollen Sie meine Zeugnisse sehen? Ich wohne übrigens über Ihnen, oben im fünften Stock.»

«Das muss ein Irrtum sein.»

«Nein, bestimmt. Da oben wohne ich.»

«Der Irrtum liegt woanders: Ich brauche keine Assistentin!»

«Sieht aber nicht so aus …»

«Darf ich Sie bitten, jetzt zu gehen. Ich habe viel zu tun.»

«Deshalb bin ich ja hier.»

«Bitte gehen Sie jetzt!»

Die Chefin der Agentur sagte später, der jungen Bewerberin habe man wohl vorher erklärt, in einer Werbefirma müsse man sofort mit coolen Sprüchen einsteigen. Die junge Dame erzählte ihr Missgeschick dem Vermieter, der sich dann mit der Chefin längere Zeit über ihren Hund unterhielt – und dann über seine neue Mieterin, eine Nichte, wie sich herausstellte. Danach überlegte die Chefin, ob sie der jungen Frau eine zweite Chance geben sollte.

Small Talk oder das gemeinsame «Einschwingen» — Wenn Sie erst einmal die richtige Stimmung für das nachfolgende Gespräch schaffen wollen, dann müssen Sie sich gemeinsam «einschwingen». Eine Einschwing-Technik, wie sie die Moderatorin im Rundfunkstudio vorführte (siehe Seite 202), scheidet für Ihr Gespräch leider aus, aber es bietet sich ein adäquater Ersatz: der Small Talk. Ein paar Worte, nicht übermäßig bedeutungsvoll, unverfänglich, aber mit der Möglichkeit zur Schaffung eines kleinsten gemeinsamen Nenners, mehr ist es nicht. Es geht weder um Inhalte noch um Probleme; es sind die kleinen Themen des Alltags, das andauernd schlechte Wetter oder die Hitze, die freien Straßen während der Ferienzeit oder Ihr Erstaunen, direkt vor dem Haus einen Parkplatz gefunden zu haben. Wählen Sie ein unverfängliches Thema, bei dem Sie sich sicher sein können, dass Ihre Gesprächspartnerin mit Ihnen übereinstimmen kann. Über Small Talk wird häufig eher abwertend gesprochen; gebildete Menschen führen schließlich nur tief gehende Konversation. Alles Unsinn: Wir alle müssen zunächst einmal Barrieren überwinden, und dazu eignet sich nichts besser als Small Talk. Er entspannt zu Beginn eines Gespräches und schafft die gemeinsame emotionale Basis.

Ich selbst habe eine Schwäche für Bilder jeglicher Art. Wenn ich irgendwo hinkomme, in ein Büro oder in eine Wohnung, mache ich eine Bemerkung zu den Bildern, die ich sehe. Der Picasso-Druck an der Wand, das zarte Aquarell mit der italienischen Landschaft oder die knallbunten Kinderbilder, immer spreche ich die Leute darauf an. Ich habe noch nie erlebt, dass sie darauf nicht positiv reagieren, denn fast immer haben sie ihre Bilder bewusst ausgesucht, und das Interesse freut sie. Selbst meine Hausärztin hat jetzt Bilder von mir in ihrer Praxis hängen, weil wir bei der ersten Begegnung einen ausgiebigen Small Talk über Bilder hielten, der nicht folgenlos blieb.

Bewunderung und Anerkennung — Warum sind wir so zurückhaltend mit Anerkennung? Ich habe ganz selten gehört, dass Menschen sich bei so genannten «ernsthaften Gesprächen», bei denen es also um Beruf, Geld, Verträge oder Ähnliches ging, einmal gesagt hätten: «Ich muss Ihnen wirklich sagen: Sie machen das großartig.» Offenbar sind solche Bemerkungen nicht ernsthaft genug. Aber wenn sie ernst gemeint sind, wird Ihr Gegenüber sich freuen, ganz im Ernst.

Wenn Sie Ihre Gesprächspartnerin bereits kennen, können Sie Ihr ruhig sagen, dass Sie sich freuen, sie wieder zu sehen. Einmal abgesehen von ganz unnahbaren Personen, auf deren Wiedersehen Sie sich vermutlich ohnehin nicht freuen, wird diese Bemerkung bei Ihrer Gesprächspartnerin ebenfalls Freude auslösen. Sie können ihr auch ein Kompliment machen über ihre beneidenswerte Urlaubsbräune, über den sehr ungewöhnlichen Schreibtisch, über den wunderbaren Ausblick aus ihrem Fenster. Vor allem können aber können Sie ihr zeigen, dass Sie ihre Kompetenz wahrgenommen haben: «Beim letzten Treffen haben Sie mit Ihrer Moderation für eine entspannte Arbeitsatmosphäre gesorgt. Das fand ich sehr hilfreich.» Solche anerkennenden Worte sind Streicheleinheiten, sie machen uns offen füreinander. Eine Bestätigung, eine kleine Würdigung des von Ihrer Gesprächspartnerin Erreichten signalisiert, dass Sie bereit sind, die Erfolge der anderen anzuerkennen. Das ist schon beim ersten Kontakt wichtig, und das sollten Sie auch bei späteren Gesprächen fortsetzen. Wir wissen, wie wichtig beim Klüngeln die gegenseitige Achtung und Anerkennung ist. Nur wenn wir die Erfolge der anderen würdigen, können wir später gemeinsame Klüngelerfolge feiern.

Nutzen Sie «Klüngelzeiten» — Nicht immer und überall lässt sich klüngeln. Nicht immer und überall ist die richtige Zeit für das Knüpfen von Beziehungen, das Vertiefen von Kontakten.

Aber immer da, wo sich Leute treffen, die viel miteinander zu bereden haben, wird geklüngelt, ganz gleich, ob es sich um einen Kongress, um eine Tagung, Besprechung oder Sitzung handelt:

Geklüngelt wird davor, danach und in den Pausen.

Zum Beispiel beim Gremientreffen: Die Teilnehmerinnen kommen aus dem ganzen Land zusammen. Das Treffen beginnt am Abend davor mit dem inoffiziellen Teil. Dem Abendessen folgt der Spaziergang, das Plaudern in der Hotelbar. Hier schwingen sich die Teilnehmerinnen ein, tauschen sich aus, vermitteln spezielle Informationen, können von Aktivitäten erfahren und für eigene Ideen und Vorhaben werben. Hier können Sie sich Zugang zu wichtigen Leuten, zu neuen Ressourcen verschaffen, wenn Sie rechtzeitig erscheinen, wenn Sie nicht dem Irrglauben erliegen, bei diesem Gremientreffen käme es nur auf die Referate und Diskussionen an. Natürlich sind auch die wichtig, doch je besser, je intensiver dieser Abend davor verläuft, desto leichter kann sich der Arbeitstag danach gestalten. Je persönlicher Sie aufeinander zugehen können, desto besser können Sie später verstehen, warum jemand diese oder jene Meinung vertritt oder sich für etwas einsetzt, wovon Sie selbst vielleicht nicht überzeugt sind. Und desto besser können Sie einschätzen, wer für Ihre künftigen Aktivitäten ansprechbar ist, wen Sie in Ihre fachlichen oder beruflichen Pläne einbeziehen können.

Die Zeiten der Geselligkeit, die Zeiten vor und nach den Veranstaltungen sind Klüngelzeiten. Sie sollten sie auf alle Fälle für sich reservieren.

Ich selbst bin eine Zeit lang treu und brav in Züge oder Flugzeuge gestiegen, die mich in aller Herrgottsfrühe zu Tagungsorten brachten, an denen mein damaliger Arbeitgeber Veranstaltungen abhielt. Ich traf dort Kolleginnen und Kollegen aus anderen Städten, die alle irgendwie miteinander «verklüngelt» schienen. Eine spürbare Vertrautheit lag zwischen ihnen, ein deutliches Band der Sympathie – bis ich erfuhr, dass die meisten von Ihnen schon einen Tag zuvor angereist waren, am Abend die Themen schon abgesprochen hatten und die Kontakte auch zwischendurch pflegten. Seitdem ließ auch ich ein Zimmer im Tagungshotel buchen; es war nicht einmal schwierig, meine Firma von der Notwendigkeit zu überzeugen. Für Abteilungsleiter und Direktoren ist es ohnehin geradezu Vorschrift, Klüngelzeiten zu nutzen; große Unternehmen wissen um die Gewinn bringende Wirkung solcher Kontaktpflege.

Aber auch heute scheue ich die Investition nicht, direkt im Tagungshotel zu übernachten. Die Möglichkeit zu persönlichen, informellen Begegnungen ist wichtiger als ein paar herausgeschundene Stunden oder ersparte Hotelkosten.

Und noch ein Tipp: Lassen Sie sich auch bei der Abreise Zeit. Wenn es der Fahrplan erlaubt, bleiben Sie nach der Veranstaltung noch etwas länger. Sonst sind Sie schon weg, wenn die anderen noch ihr persönliches Fazit ziehen, Termine vereinbaren, Visitenkarten und ein paar persönliche Gedanken austauschen. Sie wissen, zum Klüngeln brauchen Sie Zeit. Hier können Sie letztendlich Zeit sparen, denn noch sind die Menschen hier, die Sie danach vermutlich so schnell nicht wieder sehen.

Kontaktpflege ist keine Zeitverschwendung — Erinnern Sie sich noch an das Beispiel mit der Personalchefin (siehe

Seite 33)? Beide Beteiligten, die Personalchefin und die Abteilungsleiterin, hatten sich Zeit genommen, um sich kennen zu lernen, um die gegenseitigen Interessen zu erkunden und die beruflichen Kontakte auch später zu pflegen.

Wenn Sie auf Kontaktpflege keine Zeit «verschwenden» wollen, werden sie irgendwann für Sie unbrauchbar. Wenn Sie nie Zeit haben für die Tasse Kaffee in der Kantine, für das Glas Wein nach Dienstschluss, wenn Sie sich nicht aufraffen können für einen Besuch, für eine Stunde des Zuhörens, wird sich die für das Klüngeln erforderliche Vertrautheit kaum einstellen. Vor allem, wenn die Kontakte noch lose sind, noch keine Tiefe erreicht haben, werden sie ohne Pflege schnell brüchig.

Schauen wir uns das an einem simplen Beispiel aus dem Alltag an:

Sie sehen Ihre Nachbarin ab und zu. Sie sagen «Guten Tag» und nehmen sie sonst kaum wahr, gedanklich sind Sie im Treppenhaus sowieso immer schon ganz anderswo. Werden Sie diese Nachbarin bitten, Ihre Blumen zu gießen oder Ihren Briefkasten zu leeren, wenn Sie in den Urlaub fahren? Wahrscheinlich nicht. Stattdessen müssen Sie komplizierte Arrangements treffen, eine Freundin kommt in der ersten Woche, die Eltern in der zweiten, für die dritte Woche suchen Sie noch jemanden – alles sehr aufwendig und zeitraubend. Vermutlich investieren Sie hierfür mehr Zeit als für ein wenig nachbarschaftliche Kontaktpflege.

Beziehungen festigen

Wenn es schon einer gewissen Vertrautheit bedarf, damit Nachbarinnen gegenseitig ihre Blumen gießen, dann ist dieses Gefühl für die berufliche Zusammenarbeit, für Kooperationen und gemeinsame Projekte noch weitaus bedeutungsvoller. Wir tun uns nicht zusammen, wir klüngeln nicht miteinander, ohne uns in unseren Reaktionen zu kennen, in unseren Meinungen und Erwartungen. Wir müssen uns gegenseitig schätzen und einschätzen können, sonst erkennen wir nicht, ob sich unser Handeln miteinander verweben lässt. Es sind selten allein die beruflichen Gemeinsamkeiten, die zwischen Menschen eine echte Vertrautheit aufkommen lassen. Die Erfahrung zeigt, dass vor allem gleiche oder ähnliche Lebenserfahrungen, Inhalte und Einstellungen Menschen verbinden. Es ist nicht gleichgültig, ob Ihre Klüngelpartnerin aus derselben Stadt stammt wie Sie, dieselbe Schule besucht hat, an denselben Demos teilgenommen hat, dieselben Jugendidole verehrte. Es ist nicht unwichtig, ob Sie Ihre Zu- und Abneigungen teilt, Ihre politischen Ansichten oder Ihre Leidenschaft fürs Surfen. Wenn Sie Ihre Kontakte zu einer Person vertiefen wollen, suchen Sie nach Gemeinsamkeiten. Um noch einmal auf das Beispiel der Personalchefin zurückzukommen: Es war die gemeinsame Lust am Querdenken, die beide Frauen zusammenführte. Es kann ebenso auch eine gemeinsame Betroffenheit sein. Ähnliche Erlebnisse und Erfahrungen aus unserer Vergangenheit bringen uns einander näher, Kindheitserlebnisse, Krisenereignisse, Liebes- und Berufserfahrungen, heikle Situationen im Leben. Oder es sind die aktuellen Themen und Probleme, mit denen wir uns gerade auseinander setzen.

Bei solchen Gesprächen lassen wir die anderen ein

Stück von unserer inneren Welt sehen und gewinnen Einblick in die ihre. Unsere Gefühle und Erfahrungen verbinden uns miteinander, so kann Vertrauen dauerhaft entstehen. Natürlich ergeben sich Gelegenheiten zu solch tiefer gehenden Gesprächen nicht ständig und überall. Aber Sie können sie bewusst suchen. Und manchmal ergeben sie sich ganz unverhofft, wie die folgende Geschichte zeigt:

{ Altbundeskanzler Helmut Kohl erzählte vor längerer Zeit in der Fernseh-Talkshow «Boulevard Bio», wie wichtig persönliche Freundschaften unter Politikern sind. Kohl, der den russischen Präsidenten Gorbatschow anfänglich nicht sonderlich schätzte, hatte einmal öffentlich eine abwertende Bemerkung über ihn gemacht. Das war, wie er bedauernd zugab, sehr «dumm», zumal er seine Meinung bald änderte. Doch Gorbatschow ließ ihn spüren, wie sehr ihn die öffentliche Herabsetzung gekränkt hatte. Kohl entschuldigte sich beim russi-

schen Präsidenten; so ganz aus der Welt war die Sache damit aber noch nicht.

Dann kam Gorbatschow nach Bonn. Besprechungen, Empfänge, ein endlos langer Tag. Spät in der Nacht saßen beide Politiker im Park des Kanzleramtes auf einer Mauer am Rhein und sprachen sich aus. Das Gespräch drehte sich nicht um Wirtschaftshilfe und die Weltlage, sondern sie erzählten von ihrer Jugendzeit und wie sie als junge Menschen, fast noch Kinder, den Krieg erlebten. Und dabei zeigte sich, wie ähnlich es ihnen damals erging, dem jungen Deutschen und dem jungen Russen. Über diese sehr privaten Gespräche kamen sie sich näher. Kohl und Gorbatschow wurden Duzfreunde.

Dann kam der Fall der Berliner Mauer. Kohl stand mit anderen Politikern vor der jubelnden Berliner Bevölkerung, als ihm ein Anruf gemeldet wurde. Am anderen Ende der Leitung war Gorbatschow. Aber Kohl konnte nicht ans Telefon kommen, die Bevölkerung, so meinte er, hätte das nicht verstanden. Also ließ er fragen, um was es ginge. Gorbatschow ließ ihm ausrichten, er sei um Militärhilfe gebeten worden; die ehemalige DDR-Führung behauptete, westdeutsches Militär stünde an der Mauer, bereit zum Einsatz. Kohl ließ seinem Freund – er benutzte dieses Wort – ausrichten, er gebe ihm sein Wort, dass keinerlei militärische Aktionen geplant seien. Gorbatschow müsse ihm glauben. Und Gorbatschow glaubte ihm. Es kam nicht zu einer deutsch-russischen Militäraktion, weil das Vertrauen zwischen den beiden Politikern groß genug war.

Was uns an dieser Geschichte wichtig erscheint: Hier gelang es zwei Staatsmännern aus völlig unterschiedlichen politischen Systemen, sich eine freundschaftliche Basis zu schaffen, außerhalb des Protokolls. Kontakt hatten sie schon reichlich, sie kannten sich von Verhandlungen und protokollarischen Abläufen. Aber erst ihre privaten Jugenderinnerungen brachten sie einander näher, so nahe, dass sie sich schließlich völlig vertrauen konnten. Und dieses gegenseitige Vertrauen wurde in einer schwierigen Phase zur Entscheidungshilfe.

KLÜNGELNETZE KNÜPFEN

Klüngeln bedeutet, viele Türen offen zu halten, ohne im Durchzug zu stehen.

Die Philosophie der Klünglerin haben Sie jetzt kennen gelernt. Nun geht es darum, ein eigenes Klüngelnetz zu planen, zu knüpfen und einzusetzen.

HEBEN SIE IHR KLÜNGELNETZ

Manche Leute wissen einfach immer über die neuesten Entwicklungen in ihrem Umfeld Bescheid und haben immer die richtigen Kontakte. Gut für sie, fragt sich nur: Wen kenne *ich* denn schon?

Das wollen wir hier ganz genau untersuchen.

Auch wenn Ihnen zunächst nicht allzu viele Menschen einfallen, auch wenn sie fest davon überzeugt sind, auf keinerlei Kontakte zurückgreifen zu können: Machen Sie den folgenden Test. Es muss ja nicht unbedingt die Bundesarbeitsministerin sein, die Sie persönlich kennen und die Ihnen den Traumjob verschafft. Die Kollegin aus dem Betriebsrat oder der Freund Ihrer Tante sind vielleicht viel nützlicher. Sie haben mit ziemlicher Sicherheit weitaus mehr wertvolle und verwertbare Beziehungen, als Sie denken. Sie haben vermutlich nur noch nie konsequent darüber nachgedacht.

Machen Sie den Test in zwei Teilen: Im ersten fragen Sie sich, wer Ihre Kontaktpersonen sind. Im zweiten analysieren Sie, was sie Ihnen anbieten können. !

Die Kontaktpersonen — Hier geht es zunächst nur darum, aufzulisten, wen Sie kennen und auf wen Sie – direkt oder indirekt – zugehen können. Sie verschaffen sich in fünf Schritten einen systematischen Überblick über die engeren und lockereren Kontakte in Ihrem persönlichen Umfeld. Das sind Ihre derzeitigen *Verbindungen*, zunächst nur Namen, die Sie im zweiten Schritt mit Klüngelpotenzial anreichern.

Das Klüngelnetz — Nachdem Sie sich einen systematischen Überblick über Ihr Klüngelnetzwerk verschafft haben, überlegen Sie im zweiten Teil des Tests, was Sie von diesen Menschen wissen und welche Kontakte sie Ihnen eröffnen können.

Wer sind Ihre Kontaktpersonen?

Kreis für Kreis bauen Sie Ihr Klüngelnetz auf, indem Sie sich überlegen, welche Kontaktpersonen Sie umgeben.

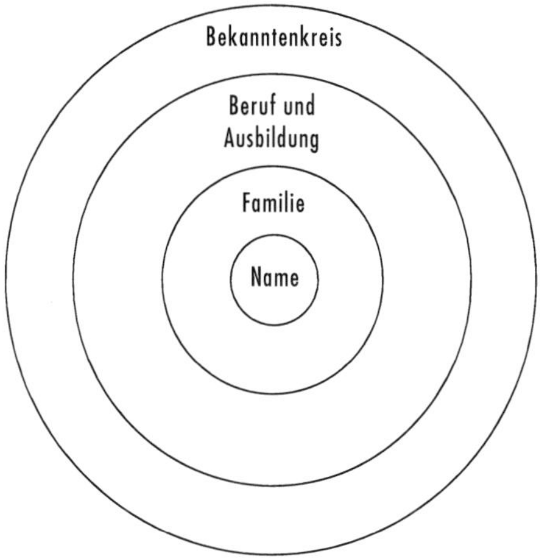

Schritt 1

Sie nehmen ein großes Blatt Papier und einen Stift. In die Mitte des Blattes setzen Sie Ihren **Namen**.
Dann kreisen Sie ihn ein.
So… jetzt stehen Sie ganz allein in der Mitte.

Schritt 2

Sie leben in einem Umfeld von Personen, die Ihnen nahe stehen und die Sie gut kennen. Bereits diese vertrauten Menschen bieten ein unerschöpfliches Klüngelpotenzial. Wir nennen sie hier Ihre **Familie** und meinen damit sowohl Eltern, Tanten und Onkel, Vettern und Cousinen, Großmütter, Großväter wie auch enge Freundinnen und Freunde. Setzen Sie die wichtigsten Namen wie einen Kreis um sich herum. Schreiben Sie nur die Namen solcher Personen in den Kreis, zu denen Sie wirklich in Kontakt stehen. Also nicht den Onkel, mit dem Sie seit Jahren zerstritten sind.

Ihre Bezugspersonen aus dem engsten Kreis:

- Lebensgefährtin/-gefährte,
- die engsten Freundinnen und Freunde,
- Ihre nächsten Verwandten: Eltern, Töchter, Söhne, Enkel, Geschwister, Großeltern, Schwiegereltern, Onkel, Tanten, Cousinen, Vetter…

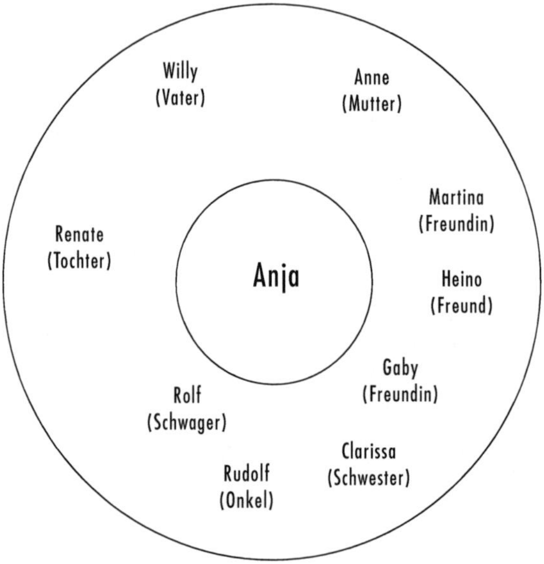

Schritt 3

In einem dritten Kreis erfassen Sie alle

Kontaktpersonen aus Beruf und Ausbildung.

Schreiben Sie nur die für Sie derzeit wichtigen Namen in diesen Kreis:

- Schulfreundinnen/-freunde,
- Lehrerinnen/Lehrer,
- Kommilitoninnen/Professorinnen, Fortbildungsteilnehmerinnen, Referentinnen,

– Kolleginnen/Kollegen (frühere/heutige),
– Mitarbeiterinnen, Vorgesetzte,
– Angehörige aus Berufsverbänden/Wirschaftsverbänden,
– Kunden/Kundinnen, Lieferanten,
– Geschäftsfreunde/-freundinnen

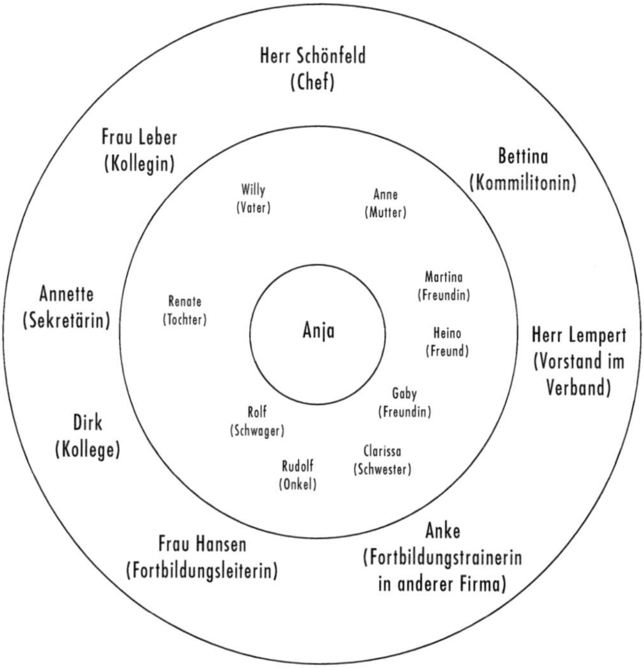

Schritt 4

In den äußeren Rand Ihres Kreises setzen Sie **Menschen, die Sie außerdem noch namentlich kennen**.

Damit dieser Kreis nicht übermäßig groß wird, begrenzen Sie ihn: Nennen Sie maximal 5 Personen, über die Sie schon viel wissen, und maximal 5 Personen, über die Sie relativ wenig wissen, von denen Sie aber glauben, dass sie in irgendeiner Weise für Sie nützlich sein könnten. Außerdem gehören in diesen Kreis Nachbarn und Bekanntschaften aus dem Freizeitbereich, Menschen, die Sie vom Sport, über Ihre Hobbys, von Partys und Festen kennen, oder Personen, die Sie über Dritte (Kinder, Ehemann, Freundin …) kennen gelernt haben.

Kontakte durch ehrenamtliche Tätigkeiten und Leute, bei denen Sie einkaufen, sollten Sie ebenfalls nicht vergessen.

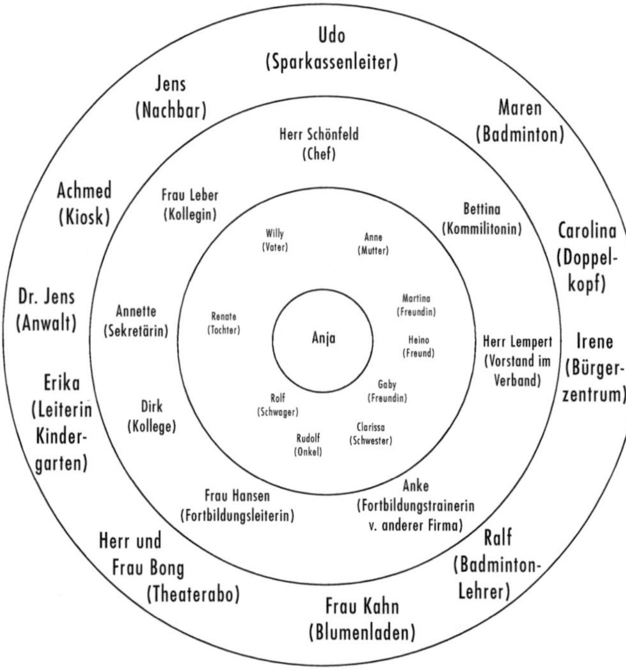

Was bieten Ihre Kontaktpersonen?

Nun sind sie sichtbar, all die Menschen, die Sie kennen. War Ihnen bewusst, wie viele es sind? Vielleicht sind Sie auch ein wenig ratlos, weil Ihnen die Namen so vertraut sind. Sie bieten Ihnen doch nichts Neues, denken Sie vielleicht. Warten Sie erst einmal ab. Damit Sie mit den Namen mehr anfangen können, müssen Sie sich etwas eingehender mit ihnen beschäftigen und etwas investieren.

Zunächst nur ein neues Blatt Papier.

Wählen Sie aus jedem Kreis drei Namen aus, die Sie genauer unter die Lupe nehmen wollen. Schreiben Sie die Namen so weit auseinander, dass Sie um jeden Namen vier Sprechblasen zeichnen können. Sie können die Namen auf mehrere Blätter verteilen.

Nummerieren Sie die Sprechblasen von 1 bis 4.

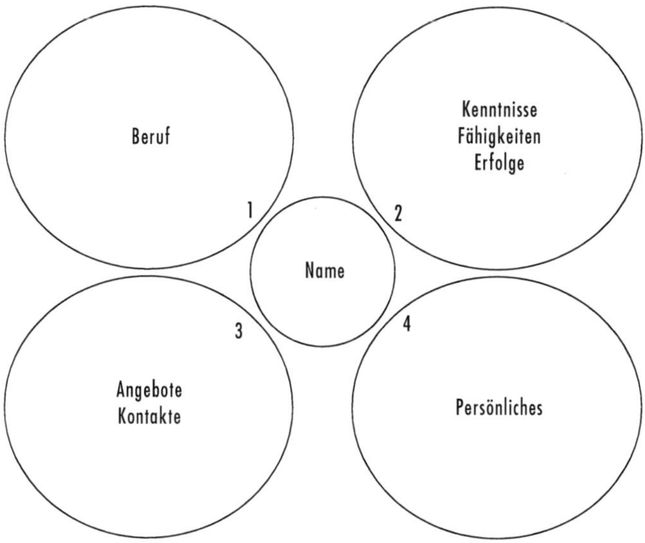

Sprechblase Nummer 1

Die Angaben, die Sie hier einsetzen, sollen Auskunft geben über die **berufliche Kompetenz** einer Person oder über die Kompetenz aus anderen Aktivitäten.

In die Sprechblase 1 zu jeder Person schreiben Sie deshalb

- den Beruf oder eine sonstige wichtige Aktivität,
- die Arbeitsstelle (arbeitet oder ist aktiv bei ...),
- die Funktion (als ...),

je nachdem, was Ihnen am wichtigsten erscheint.

Wir geben Ihnen drei Beispiele:

- Schwager: Ist Sozialpädagoge, arbeitet als Einsatzleiter bei einem Service-Center der Johanniter.
- Chefin: Arbeitet ehrenamtlich im Förderkreis eines Theaters und betreut die Großsponsoren.
- Bekannte aus dem Fitness-Studio: Ist selbständig als Versicherungs- und Finanzberaterin für Frauen.

Sprechblase Nummer 2

In diese Sprechblase setzen Sie die **Kenntnisse, Fähigkeiten und Erfolge** der jeweiligen Person ein.

Wir geben Ihnen hier ein paar Beispiele, welche Fähigkeiten Sie an den Menschen wahrnehmen könnten. Diese Beispiele sollen lediglich Ihr Erinnerungsvermögen und Ihre Fantasie anregen. Bestimmt fällt Ihnen selbst noch etwas ganz anderes ein:

Kann gut im Internet recherchieren / besitzt fundierte Kenntnisse in Krankenpflege / spricht sehr gut Spanisch / kann schnell Kontakte schließen / zeichnet witzige Karikaturen / liebt moderne Lyrik / hat einen japanischen Garten angelegt / organisiert Betriebsfeste / ist Abteilungsleiterin geworden / ist beliebt als private Stadtführerin / hat in letzter Zeit große Aktiengewinne eingestrichen / hat den Verein für Neue attraktiv gemacht / kann sich schnell Respekt verschaffen …

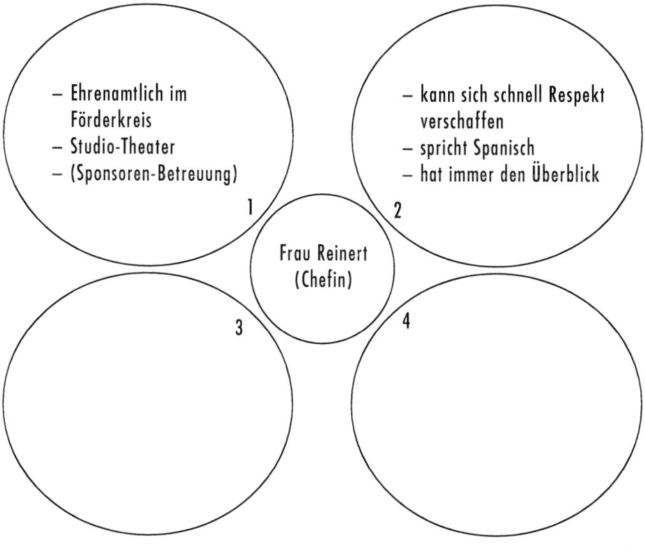

Sprechblase Nummer 3

In diese Sprechblase tragen Sie ein, was die **Personen anbieten** und wen **sie vermitteln** können, etwa:

Hat Zugang zum Pressearchiv eines großen Senders / besitzt eine Ferienwohnung auf Mallorca / kann über eine Freundin ein preiswertes Büfett besorgen / Freund des Bruders ist Leiter einer Autoreparaturwerkstatt / hat gute Verbindungen zur Musikszene / kennt den Oberbürgermeister persönlich / ist verwandt mit der Personalchefin in einem Pharmainstitut / geht mit dem Chefarzt des Krankenhauses Tennis spielen / hat ein Fotolabor.

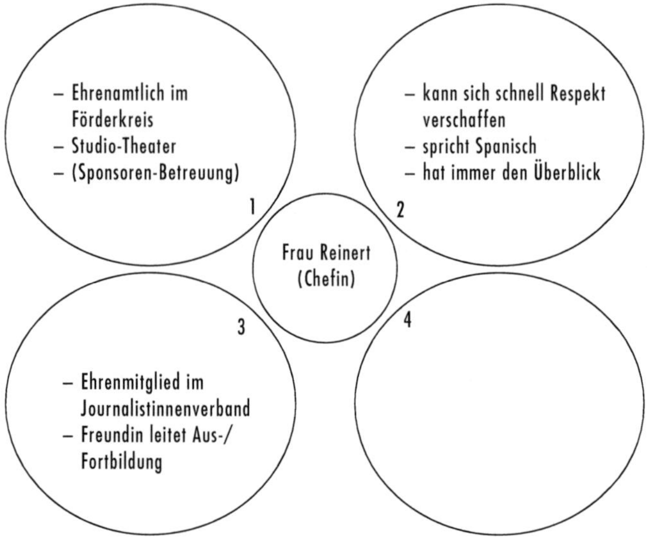

Sprechblase Nummer 4

In diese Sprechblase schreiben Sie **persönliche Dinge**, Eigenschaften, Vorlieben, Lieblingsideen und Wünsche, zum Beispiel:

reist gerne durch Asien, trainiert für den Marathonlauf, möchte in der Dombauhütte ein Praktikum machen, trinkt mit Vorliebe Champagner, kocht leidenschaftlich und hat gern Gäste, tanzt ausgezeichnet Samba, ist sehr temperamentvoll, möchte einmal auf einem Karnevalswagen mitfahren, verschlingt Krimis, sammelt alte Puppen, will Fallschirmspringen lernen, ist auf der Suche nach einer Eigentumswohnung, hat eine sehr herzliche Ausstrahlung, hat gerade das Erbe ihrer Eltern angetreten, will Geschäftsführerin ihrer Firma werden, singt vollständige Arien in der Badewanne…

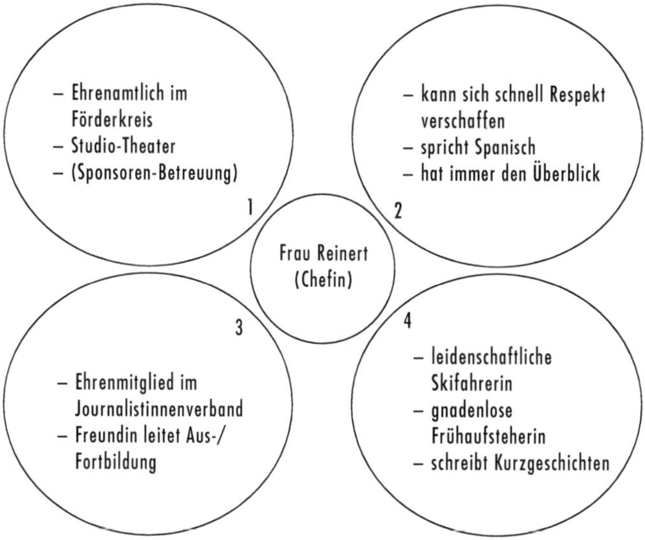

Wie Sie Ihre Kontakte auswerten

Sind Sie erschlagen von der Fülle der Namen? Oder schauen Sie frustriert auf leere Blätter? Lassen Sie uns die verschiedenen Möglichkeiten durchgehen.

Ergebnis: Viele Namen, viele Kontakte — Sie kennen viele Menschen mit den unterschiedlichsten Fähigkeiten und Kontakten. War Ihnen die Anzahl dieser direkten und indirekten Verbindungen bewusst? Jetzt müssen Sie Ihren

Klüngel-Schatz nur noch heben. Vielleicht stoßen Sie auf wahre Goldstücke!

Sie wissen es bereits: Kontakte müssen gepflegt werden, sonst sind sie irgendwann nicht mehr zugänglich (siehe dazu auch Seite 213ff.). Hier noch einige kleine Pflegehinweise:

- Telefonieren Sie öfter. Schicken Sie vergnügliche E-Mails oder Postkarten, auch wenn nicht gerade ein Geburtstag ansteht.
- Erfinden Sie etwas Gemeinsames, das sie einander näher bringt: eine kleine Theateraufführung zum runden Geburtstag, eine gemeinsame Wochenend-Radtour.
- Laden Sie gezielt ausgewählte Klüngelpartnerinnen zu einem Essen ein. Erfinden Sie dafür einen «Klüngelanlass», ein verbindendes Thema.
- Treffen Sie sich regelmäßig. Selbst wenn Sie sich nur alle drei Wochen zur Doppelkopfrunde oder zum gemeinsamen Konzertbesuch einfinden, entwickelt sich bei regelmäßigen Treffen ein intensiverer Kontakt als bei sporadischen Begegnungen.

Ergebnis: Viele Namen, ähnliche Kontakte — Geahnt haben Sie es wohl schon, aber jetzt liegt der Beweis schwarz auf weiß vor Ihnen: Sie bewegen sich in einem Umfeld, in dem die meisten Menschen gleiche oder ähnliche Interessen und Ziele verfolgen, sei es beruflich oder privat. Das ist zunächst enttäuschend, sollte Sie aber nicht entmutigen. Falls Sie nur mit Kolleginnen oder Kollegen über berufliche Dinge fachsimpeln oder über Chefs herziehen, nur mit Nachbarn, Müttern, Kartenmitspielerinnen oder Hundebesitzern über Nachbarschaftsprobleme, Kinder, Doppelkopf oder Hundedressur reden: Was wissen Sie eigentlich darüber hinaus von diesen Leuten? Vermutlich sind einige der Sprechblasen leer geblieben, die Sie ausfüllen wollten. Das heißt, Sie kennen diese Personen einseitig. Sie wissen weder, ob sie Ihnen wertvolle Informationen geben könnten, ob sie Sie beraten oder für Sie Kontakte zu anderen wichtigen Personen herstellen können. Dabei wäre es so sinnvoll, das zu wissen.

Denken Sie daran, die Klünglerin ist neugierig (siehe Seite 81). In den nächsten Tagen und Wochen sollten Sie versuchen, Ihre Wissenslücken zu schließen. Zeigen Sie Interesse. Sie werden an mancher scheinbar so vertrauten Person plötzlich ganz neue Seiten entdecken. Und damit eröffnen sich für Sie beide neue, interessante Klüngelperspektiven.

Ergebnis: Wenige Namen, wenige Kontakte — Sie haben wenige Kontakte und suchen jetzt nach Möglichkeiten, welche zu knüpfen. Vielleicht sind Sie in einer neuen Stadt oder erleben gerade eine Trennung und müssen Ihr Umfeld neu aufbauen. Oder Sie haben sich nach der Lektüre dieses Buches entschieden, mehr Menschen kennen lernen zu wollen.

Ganz gleich, ob Sie persönliche oder geschäftliche Kontakte suchen, wichtig ist, dass Sie jede Gelegenheit dazu nutzen, auch das gemeinsame Essen in der Kantine oder in der Besprechungspause, auf Tagungen und Kongressen. Wenn Sie nur die stille Besucherin sind und keine Fragen stellen, werden wunderbare Gelegenheiten ungenutzt verstreichen, und das wäre sehr schade für Sie und auch für die anderen.

Suchen Sie sich in Ihrer Freizeit Gruppen, in denen Sie mitmachen möchten: Sportvereine, Sprachkurse, Wandergruppen, Kunstkurse, Kochkurse. Verbinden Sie sich mit denen, die das tun, was Sie sowieso gern machen. Das gemeinsame Interesse bringt Sie näher. Wenn es nicht immer der hundertprozentig gemeinsame Nenner ist, den Sie gefunden haben – nobody is perfect. Nehmen Sie die Menschen, wie sie sind. Es gibt keine anderen.

ERWEITERN SIE IHR KLÜNGELNETZ

Klüngeln ist für mich: Menschen mit «2 Streifen» kennen lernen, die immer eine/n kennen, die eine/n kennen.
(Carmen Thomas, Redakteurin und Autorin)

Bei der Auswertung Ihres Klüngelnetzes haben wir Ihnen schon einige Empfehlungen gegeben, wie Sie Ihre Kontakte intensivieren können. Dem Zufall wollen Sie das schließlich nicht überlassen.

Zufällig stoßen Sie vielleicht auf der Skipiste mit dem Intendanten der Fernsehanstalt zusammen, und während Sie sich gegenseitig hochhelfen, tauschen Sie lächelnd Visitenkarten aus. Es ist nicht auszuschließen, dass sich aus solch einer Zufallsbegegnung weiter gehende Beziehungen zum Fernsehen entwickeln. Darauf zu warten wäre allerdings Zeitverschwendung.

Wen Sie kennen lernen wollen, wohin Sie Ihren Kontakt ausdehnen möchten, hängt von Ihren Zielen ab. Die Goldschmiedin («Klüngeln als Marketingstrategie», Seite 39) suchte sich bewusst Organisationen aus, in denen sie ihre Klientel fand. Suchen Sie also nach einem Verein, einem Netzwerk, einer Organisation, die Ihre Interessen vertritt und Ihnen neue Kontaktmöglichkeiten eröffnet. Der Nutzen für Sie muss größer sein als das, was Sie allein erreichen könnten.

Ihren Verein gibt es noch nicht? Sie vermissen in Ihrem Stadtteil einen aktiven Zusammenschluss von Geschäftsleuten? Sie suchen vergeblich Anschluss an eine Handwerkerinnen-Initiative, die es bei Ihnen offenbar noch nicht gibt? Ihr Ort hat zwar einen Fallschirmspringerverein, aber keinen Tauchclub? Bevor Sie sich mit Sauerstoffflasche und Flossen vom Himmel stürzen, weil Sie keine Alternative finden, fragen Sie sich lieber: Warum gründen Sie Ihre Gruppe nicht selbst? Über Anzeigen, Aushänge am schwarzen Brett, über Mund-zu-Mund-Propaganda und Vorträge sind schon Verkaufszirkel, Interessenverbände und Bürgerinitiativen, Segelvereine, literarische Salons und Frauennetzwerke gegründet worden.

Einladungen, Feste, Treffen, Veranstaltungen — sind *die* Kontaktmöglichkeiten schlechthin. Am interessantesten sind immer diejenigen Veranstaltungen, zu denen Sie eine Einladung brauchen. Der Besuch der Fachmesse kann Ihnen schon einige Kontakte eröffnen, wenn Sie aber zur Eröffnung der Messe geladen sind, wird der Kreis möglicher Kontaktpersonen noch wesentlich hochkarätiger. Auf Eröffnungsveranstaltungen drängt sich zumeist «tout le monde», und die wenigsten sind dort wegen der Veranstaltung an sich, sondern einfach um gesehen zu werden und andere zu treffen. Lassen Sie sich mitnehmen von geladenen Gästen oder klüngeln Sie, um an eine Einladung heranzukommen. Überlegen Sie, was für Sie wichtig ist: die Weltausstellung, die Museumseröffnung, der Neujahrsempfang im Rathaus? Tragen Sie sich in Interessentenlisten ein, wenn es dort so etwas gibt, um selbst zur nächsten Veranstaltung eingeladen zu werden.

Folgen Sie Einladungen mit dem festen Ziel, Menschen kennen zu lernen. Mit diesem Ziel vor Augen ist es leichter, in Kontakt zu treten. Oft bietet eine einzige Person den Zugang zu einem neuen großen Freundes- oder Interessenkreis, in dem Sie neue Klüngelpartnerinnen finden.

Jede hat ihren eigenen Klüngel-Knäuel …

Und dann sind da noch die «Kontaktknäuel», die Sie auf Reisen finden, zum Beispiel im Urlaub. Es ist verständlich, wenn Sie in den Ferien total abschalten wollen, aber wenn Ihnen doch noch ein bisschen Lust auf Kontakte geblieben ist, dann sollten Sie sich einen Ort und ein Hotel suchen, in dem Sie die Menschen finden können, die Sie zu finden hoffen. Dann ist es nicht gleich-

gültig, welches Hotel Sie buchen, dann ist es sogar wichtig, welche Bahnklasse Sie fahren oder welches Flugzeug Sie nehmen. Wie gesagt: Es hängt alles davon ab, was Sie suchen.

Kontakte und Empfehlungen «auf Vorrat» sammeln — Wenn Sie erst einmal anfangen, Klüngelkontakte zu sammeln, werden Sie feststellen: Viele Verbindungen oder Informationen können Sie für sich selbst gar nicht nutzen. Was bringt Ihnen der Kontakt zum Interessenverband norddeutscher Kinobesitzer, wenn Sie selbst nie ins Kino gehen? Aber vielleicht würde Ihre Chefin gerne einmal zum Ostfriesen-Filmfestival – Sie reden mit Ihrer Kontaktperson und besorgen die Einladung für Ihre Chefin.

Bremsen Sie innerlich nicht ab, wenn eine Information für Sie nicht unmittelbar interessant ist. Als Klünglerin brauchen Sie Empfehlungen. Mit anderen Worten: Sammeln Sie «Kontakte auf Vorrat», wenn sie sich ergeben. Irgendwann werden Sie irgendjemandem damit von Nutzen sein. Für Ihre eigenen späteren Klüngelabsichten ist das nur von Vorteil. Sie erinnern sich: «Die Klünglerin *gibt* und *nimmt.*»

Klüngeln im Internet — Digitales Klüngeln ist aus unserer Welt nicht mehr wegzudenken. Soziale Netzwerke eignen sich nicht nur für den Austausch von Katzen- oder Food-Fotos, sondern auch zur Bekanntgabe von Angeboten oder Veranstaltungen. Im privaten Bekanntenkreis stehen eher Facebook, Google+ oder Twitter im Vordergrund, die geschäftlichen Kontakte werden am besten mit dem einzig kostenpflichtigen und werbefreien Dienst Xing gepflegt.

Für Ihre Klüngelanliegen können Sie speziellen Gruppen beitreten, die sich dem Austausch bestimmter

Dienstleistungs- oder Gebrauchtwarenangebote widmen, etwa die beliebten regionalen «Nett-Werke» aus verschiedenen Städten.

Für Business-Angelegenheiten bietet es sich natürlich auch an, ein digital aufgebautes Netzwerk aus interessierten Kontakten Ihrer Branche zu nutzen. Beachten Sie dabei aber unbedingt den Unterschied zwischen Ihrer Geschäftsseite und einem privaten Profil. Keine potenzielle Kundin oder Geschäftspartnerin interessiert sich dafür, was Sie wann gegessen haben oder wo Sie mit dem Hund spazieren waren. Auch gehen ständige Statusmeldungen anderen eher auf die Nerven. Solange Sie sich aber auf gelegentliche Bekanntgaben oder Einladungen zu relevanten Events wie Vorträgen, Seminaren oder anderen Veranstaltungen konzentrieren, ist das Medium gut genutzt.

GEZIELT KLÜNGELN IM NETZ

Es gibt zwei Wege, wie Sie zu Ihrem Klüngelziel kommen können: Entweder Sie streuen es in alle Winde, vertrauend darauf, dass es irgendwann an die richtige Stelle getragen wird, oder Sie stellen einen wohl überlegten Plan auf. Beide Wege sind gangbar.

Das Ziel in der Streudose — Es klingt fast zu einfach, aber es hat doch Methode: Streuen Sie Ihr Ziel in alle Winde. Erzählen Sie jedem, den Sie kennen, was Sie suchen, was Sie planen, was Sie wollen. Damit vervielfachen Sie Ihre Chance auf Erfolg um ein Zigfaches, denn viele werden es weitererzählen und für Sie die Ohren offen halten. Das

Streudosenprinzip funktioniert nicht nur, wenn es um die Beschaffung von Gegenständen geht. Auf diese Weise lassen sich auch Wohnungen, Jobs und Ausbildungsplätze ergattern. Vermitteln Sie ein möglichst genaues Bild von dem, was Sie suchen. Je konkreter das Bild ist, das Sie vermitteln, desto treffender wird auch der Rücklauf sein.

Strategisches Klüngeln — Manche Ziele, vor allem die längerfristigen, werden Sie nicht der Streudose allein überlassen wollen. Diese Ziele lassen sich methodisch angehen, klüngel-methodisch.

Tipps für Angestellte

Eigeninitiative ist auch bei der Karriere gefragt. Sie sollten nicht warten, bis jemand kommt, der seine hilfreiche Hand ausstreckt, sondern selbst nach anspruchsvollen Aufgaben und Projekten Ausschau halten. Das können Sie zunächst noch allein, doch für die weiteren Schritte brauchen Sie Unterstützung. Ihr «Selbstmanagement» wird zur Klüngel-Sache. Das bedeutet: Wenn Sie in Ihrer Firma Karriere machen wollen, dann tun Sie gut daran, Ihr Kontaktnetz zu planen und zu organisieren.

Knüpfen Sie Ihr eigenes Klüngelnetz — Ihre Fachkompetenz ist nur die eine Seite von Ihnen, mit der Sie Ihr Umfeld von sich überzeugen.

Zum Klüngeln brauchen Sie vor allem die andere Seite: Ihre ganz persönlichen Kontakte, menschliche Beziehungen zu Kolleginnen, Kollegen – und möglichst auch zu den wichtigen Entscheidungsträgern Ihrer Firma.

Sie wollen zum Beispiel Abteilungsleiterin werden. Warum sollten andere zustimmen oder Sie gar empfehlen? Was immer Sie auch an Wissen und Erfahrung vorzuweisen haben: Ausschlaggebend werden vor allem Ihre persönlichen Kontakte, Ihr persönliches Image sein. Wer bereits jetzt mit Ihnen in persönlichem Kontakt steht, wird sich nach Ihrer Beförderung freuen, nun auch zu Ihnen als Führungsperson eine persönliche Verbindung zu haben. Dadurch haben alle ihr Netzwerk ausgeweitet:

- Die früheren Kolleginnen, die Sie emotional unterstützt und Ihr positives Image gefördert haben, können ihr Netzwerk um einen «Führungs-Knoten» bereichern. Bleiben Sie auch nach einem Aufstieg ansprechbar für die Menschen, die stets gut auf Sie zu sprechen waren.
- Ihre Förderer und Fürsprecherinnen aus der höheren Ebene können sich auf Sie als neue Kollegin verlassen; Sie sind jetzt im Netz eine gleichwertige Partnerin.

Kontakte zahlen sich aus. Die Personalchefin einer großen Krankenkasse, die sich mit einer Bereichsleiterin gut verstand – sie kannten sich aus einem Sprachkurs –, schlug diese vor, als es um die Neubesetzung der Leitung einer Geschäftsstelle ging. Die erstaunte Bereichsleiterin erfuhr die Zusammenhänge erst später. «Ohne den Kontakt wäre ich wohl kaum befördert worden. Wer sonst hätte an mich gedacht?» Die Personalchefin: «Ich fand es sehr angenehm, dort eine Frau zu wissen, die ich gut kenne.»

Die folgende Grafik zeigt, welche Vernetzungsmöglichkeiten sich für Sie als Angestellte ergeben können:

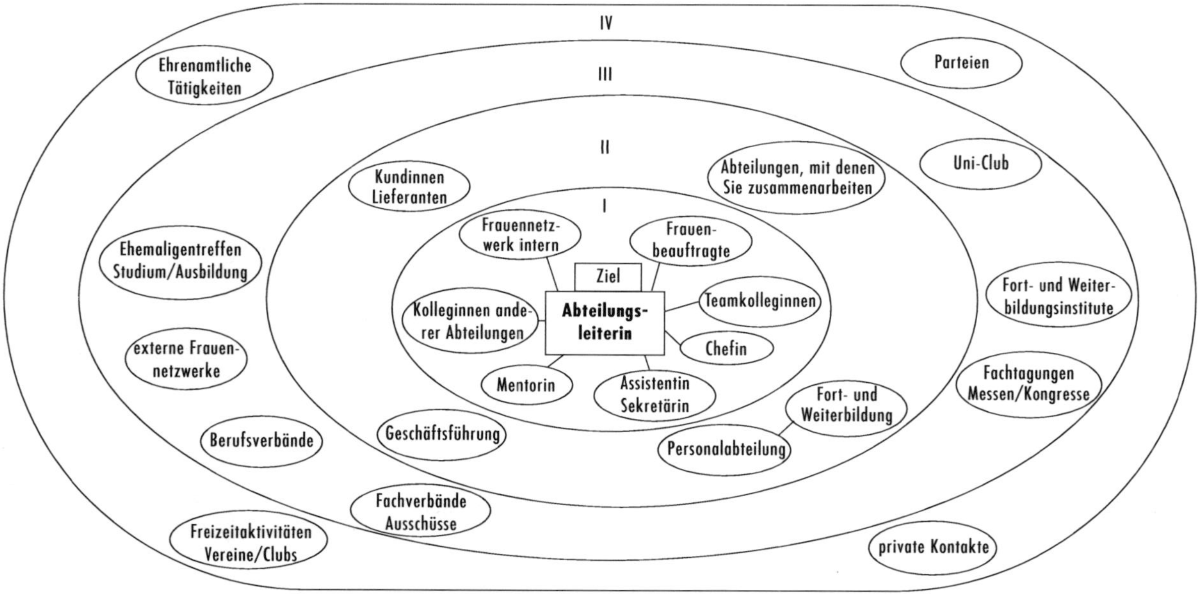

Für ein eigenes Klüngelnetz-Diagramm schreiben Sie in die Ovale die Namen der angepeilten Klüngelpartnerinnen. Versehen Sie die Felder mit dem Datum, an dem Sie mit dem jeweiligen Kontakt beginnen wollen.

Als **Ziel** – in der Mitte – haben wir festgelegt, dass Sie Abteilungsleiterin in der eigenen oder einer anderen Firma werden wollen (oder in Ihrem Institut, Ihrer Einrichtung). Rundherum haben wir die Personen und Abteilungen gruppiert, die Sie unterstützen könnten und von deren Entscheidung es abhängt, ob Sie Ihr Ziel erreichen.

- In den inneren Kreis haben wir die Personen eingesetzt, mit denen Sie unmittelbar arbeiten.
- Im zweiten Kreis finden Sie Personen und Abteilungen innerhalb Ihrer Firma, die entscheiden und die Sie unterstützen könnten.
- Im dritten Kreis sind die externen beruflichen Kontaktmöglichkeiten aufgeführt, aus denen sich wiederum Bezüge zu den inneren Netzen herleiten lassen.
- Der vierte Kreis verweist auf private Kontaktmöglichkeiten, die ins Innere des Firmennetzes einwirken könnten.

Wir haben in der Grafik eine ganze Sammlung von Möglichkeiten aufgezeigt, um Ihnen Anregungen zu geben. Suchen Sie sich heraus, was auf Ihr berufliches Umfeld zutrifft. Alle in der Grafik aufgeführten «Knoten» könnten in irgendeiner Form für Sie hilfreich sein, auch die, die im äußersten Kreis stehen, etwa die Partei: Vielleicht ist Ihr Geschäftsführer Mitglied? Wenn Sie der Partei selbst nahe stehen, können Sie über Parteifreunde oder durch eigene Mitgliedschaft einen persönlicheren Kontakt suchen, außerhalb der Firma. Oder sehen wir uns das Frauennetzwerk an, ebenfalls als Knoten im äußersten Kreis aufgeführt: Dort könnten Sie rechtzeitig von einer frei werdenden Stelle in einem anderen Unternehmen erfahren und sich dann mit einer Empfehlung aus dem Netzwerk direkt bewerben.

Ihr eigenes Netz — Überlegen Sie jetzt, welche der Knoten für *Ihr* Ziel relevant sind, und markieren Sie sie mit Textmarker. Bei der Kennzeichnung von Gruppen, etwa «Geschäftsleitung» oder «andere Abteilungen», notieren Sie darunter *einen* Namen. Das kann die Person sein, zu der Ihnen der Zugang am leichtesten erscheint, das kann aber auch die entscheidende Person direkt sein. Die Geschäftsleitungsassistentin trifft zwar noch nicht die letzten Firmenentscheidungen, spielt aber vielleicht in Ihrer betrieblichen Tennisgruppe oder arbeitet mit im Berufsverband. Der Kontakt zu ihr erweitert sich womöglich irgendwann auch auf den unmittelbaren Kontakt zur Leitung. Den Zugang zu solchen Stellen werden Sie ohnehin fast immer durch Umwege über ein paar Klüngelknäuel planen. Zum Kontaktaufbau finden Sie viele Anleitungen unter «Die Klünglerin knüpft Kontakte» (ab Seite 198).

Sollten die Vorgaben in der Grafik erheblich abweichen von Ihrem beruflichen Umfeld, dann zeichnen Sie Ihr eigenes Berufsklüngelnetz. Notieren Sie die Positionen, Stellen oder Abteilungen, die für Sie wichtig sind.

Legen Sie jeweils das Datum (rechts neben dem Namen) fest. Das soll Sie unterstützen, Ihr Vorhaben tatsächlich in die Tat umzusetzen. Und wenn Sie loslegen, denken Sie daran: Der Klüngel-Weg ist häufig ein Umweg.

Mentoring — Wohlwollend begleitet von einer Frau in einer Führungsposition, die im Unternehmen sowohl den Durchblick als auch die richtigen Kontakte hat und weiß, wie Sie Ihnen in die Steigbügel nach oben helfen kann – das ist kein Traum, das ist «Mentoring». Mentoren gab es immer schon, aber früher waren es zumeist die älteren Herren in der Führungsriege, die sich so ihren männlichen

Nachwuchs heranzogen. Heute bieten große Unternehmen gezielt Mentoring-Programme an, weil sie erkannt haben, dass solche Starthilfen auch für den weiblichen Führungsnachwuchs notwendig sind.

Mentoring als solches ist kein Klüngeln, zumindest nicht, wenn es in dieser Form instrumentalisiert wird. Wenn wir beim Bau des Klüngelnetzes davon sprechen, dann aus dem Grund, dass nicht jede Firma solche Programme kennt. Falls das bei Ihnen auch so ist, sollten Sie die Hoffnung auf eine Mentorin oder einen Mentor dennoch nicht aufgeben. Sie haben ja eine Klüngelstrategie. Notieren Sie sich auf der Grafik, wen Sie sich als Mentorin wünschen. Von wem möchten Sie die kleinen und großen hilfreichen Tricks kennen lernen, wer kann Sie in die Firmenkultur einführen, wer kann Ihnen die entscheidenden Türen öffnen?

Versuchen Sie auf einem der vielen Klüngelwege, diese Person für sich zu gewinnen, indem Sie auf sich aufmerksam machen, sich mitteilen («Die Klünglerin teilt sich mit», Seite 116) und indem Sie über Wege nachdenken, an diese Person heranzukommen («Die Klünglerin knüpft Kontakte», ab Seite 198). Überlegen Sie sich, welche Art von Förderung Sie *brauchen* und worin Ihre Mentorin Sie *fördern* kann. Sprechen Sie das, wenn Sie erst die Basis dafür gefunden haben, offen an. Wer andere noch nie in dieser Form gefördert hat, muss sich selbst erst einmal damit auseinander setzen. Junge Führungskräfte, die selbst noch auf dem weiteren Weg nach oben sind, werden Sie kaum als Mentor gewinnen. Suchen Sie sich eine arrivierte Führungskraft aus, die bereits eine Karriere hat und sich vor der Ihren nicht fürchtet. Als gute Klünglerin überlegen Sie auch, was Sie selbst zu bieten haben: Ihrer Mentorin kann der Kontakt mit jungen Menschen nicht nur Freude machen, sie lernt auch, in eine Welt zu schauen, der sie selbst bereits entwachsen ist. Es mag ihr zudem wie eine Herausforderung vorkommen, noch einmal zu zeigen, was in ihr steckt. Unterschätzen Sie nicht die Überzeugungskraft Ihrer Bewunderung. Sie suchen sich schließlich nicht irgendwen aus.

Achten Sie allerdings darauf, dass die Chemie zwischen Ihnen stimmt. Überprüfen Sie sich selbst: Können Sie sich dieser Person gegenüber loyal verhalten? Denn das ist die erwartete Gegenleistung.

Die informellen Chefs — Chefs und Chefinnen sind große Führungspersönlichkeiten, ausgestattet mit der allerletzten Entscheidungsbefugnis. So könnte man denken – wenn Sie es nicht besser wüssten. Tatsächlich existiert häufig neben den offiziellen Entscheidungsträgern noch eine zweite Entscheidungsebene. Hier sitzen die informellen Chefs und Chefinnen, und die haben häufig das Sagen. Ob Sie das gut oder schlecht finden, spielt keine Rolle: Wenn Ihr Personalchef keine Entscheidung trifft ohne seine Ausbildungsleiterin, dann dürfen Sie diese in Ihrem Netz auf keinen Fall vergessen.

Klüngeln am Ziel — Stellen Sie sich vor, Sie haben Ihr Ziel erreicht: Sie sind Abteilungsleiterin in einer anderen Firma geworden. Als solche steht Ihnen jetzt eine Sekretärin oder Assistentin oder Stellvertreterin zur Seite, und die kennt sich im Unternehmen besser aus als Sie. Das ist gut für Sie. Ihre unmittelbare Mitarbeiterin kann Sie vor manchem Fettnäpfchen bewahren. Sie kennt den Umgangston, auch die Tabuthemen, sie kennt sich in den Machthierarchien aus, weiß, wer mit wem kann. Sie selbst sind neu, kennen noch nicht die speziellen Spielregeln. Der erste wichtige

Knoten in Ihrem neuen Netz ist daher diese Sekretärin. Sie sind auf die Loyalität dieser Ihnen zugeordneten Personen angewiesen, auch wenn Sie nach und nach vieles selbst herausfinden. Bemühen Sie sich daher, Ihre unmittelbare Klüngelpartnerin bei der Stange zu halten. Hören Sie ihr zu, zeigen Sie ihr, wie sehr Sie ihre Unterstützung und ihre Tipps schätzen.

Und noch ein Hinweis für diejenigen, die befördert wurden, damit die Quote stimmt: Lassen Sie sich nicht zur Seiltänzerin ohne Netz und doppelten Boden machen. Ohne persönlichen Anhang, ohne sicheren Halt im Netz rutschen Sie per Beförderung zur Abschussrampe. Man wird schon einen Grund finden, weshalb Sie nicht gut genug sind.

Quotenfrauen stehen häufig völlig allein auf ihrem neuen Posten, ohne Anhang, ohne Kontakte. Suchen Sie also rechtzeitig Verbündete. Wer bietet Ihnen Knotenpunkte im neuen Klüngelnetz? Sind Ihre unmittelbaren Mitarbeiter loyal? Um gar nicht erst ins Leere zu rennen, ziehen Männer in Führungspositionen häufig ihren gesamten Tross nach sich. Ein kluger Gedanke, den Sie nicht lächelnd abtun sollten. Wenn irgend möglich, arrangieren Sie das schon im Vorfeld, bestehen Sie darauf, frühere Mitarbeiterinnen nachzuziehen.

Zeit fürs Klüngeln — Denken Sie bei Ihrer Arbeitsplanung daran, genügend Zeit für den Aufbau von Klüngelpartnerschaften freizuhalten. Sie werden jetzt und in Zukunft davon profitieren. Für die Einstellung von Spitzenleuten ist eine gute Kommunikationsfähigkeit – nennen Sie es ruhig soziale Kompetenz – ausschlaggebend. Je komplexer Ihre Aufgaben sind, desto wichtiger wird es, gut vernetzt zu sein, nicht nur fachlich, an den Schnittstellen zu anderen

Firmen, sondern auch menschlich, damit Sie am Informationsaustausch teilnehmen. Sonst machen Sie es anderen zu leicht, an Ihrem Stuhl zu sägen.

Tipps für Selbständige

Nehmen Sie sich ein Blatt Papier.

1. Schritt: Definieren Sie Ihr Ziel — Schreiben Sie Ihr ganz konkretes Ziel in die Mitte (Wie *genau* Sie Ihr Ziel definieren müssen, um es erklüngeln zu können, finden Sie im Kapitel «Die Klünglerin braucht Ziele».) Die folgende Grafik soll Sie beim Erreichen Ihres Zieles unterstützen.

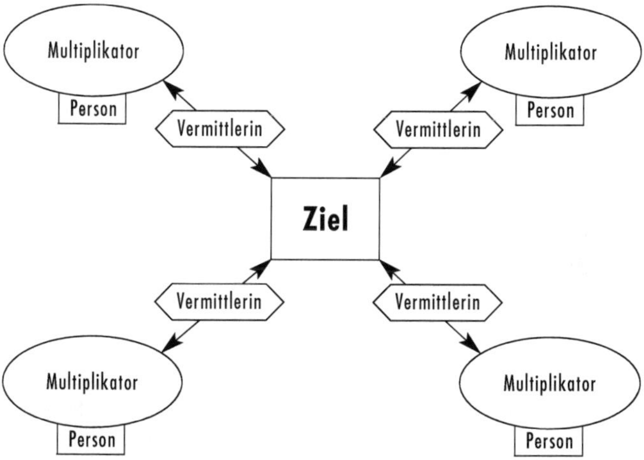

Setzen Sie hier den Verein, die Institution, die Firma oder die Clique ein, zu der der für Sie wichtige Entscheidungsträger gehört.

Setzen Sie hier den Namen der für Sie wichtigen Entscheidungsträger ein.

Tragen Sie in diese Wabe die Namen der Personen ein, die Ihnen den Kontakt zum Multiplikator schaffen können oder selbst dazugehören.

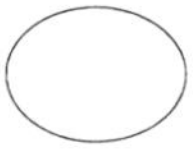

2. Schritt: Welche Multiplikatoren brauchen Sie? Es geht darum, Menschen, Gruppen oder Institutionen zu finden, die Ihnen bei der Verwirklichung Ihres Zieles behilflich sein können. Wir nennen Sie «Multiplikatoren».

Das können sein: Vereine, Verbände, Institutionen, Firmen, Parteien, Interessengemeinschaften, Stammtische …

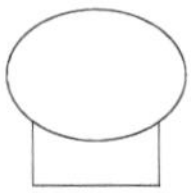

3. Schritt: Wer ist beim Multiplikator die für Sie wichtigste Person? Tragen Sie den Namen in das Kästchen unterhalb des Ovals ein.

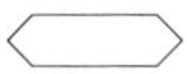

4. Schritt: Welche Vermittler können Ihnen helfen? Wenn Sie die für Sie wichtige Person noch nicht persönlich kennen, überlegen Sie, ob Sie jemanden kennen, der Sie vermitteln könnte.

Ihr Netzplan könnte etwa so aussehen:
Sie bieten als Trainerin in Ihrem Programm ein neues Tagesseminar an zum Thema «Fit im Büro». Ihr Ziel ist es, dieses Seminar bei mittleren und größeren Firmen durchzuführen.

Sie können jetzt alle größeren Firmen in Ihrer Umgebung mit einem Hochglanzprospekt anschreiben. Die Gefahr ist, dass Sie unter den vielen ähnlichen Angeboten, die eine Firma täglich erhält, untergehen; Ihr Prospekt landet im Papierkorb oder in einer Ablage. Niemand kennt Sie, niemand hat Sie empfohlen, Ihr schönes Foto hat nicht ausgereicht.

Wie schaffen Sie es also, ihre ersten drei Auftraggeber im kommenden Jahr zu finden? Wer könnte als Multiplikator in Frage kommen?

Der Klüngel-Netzplan

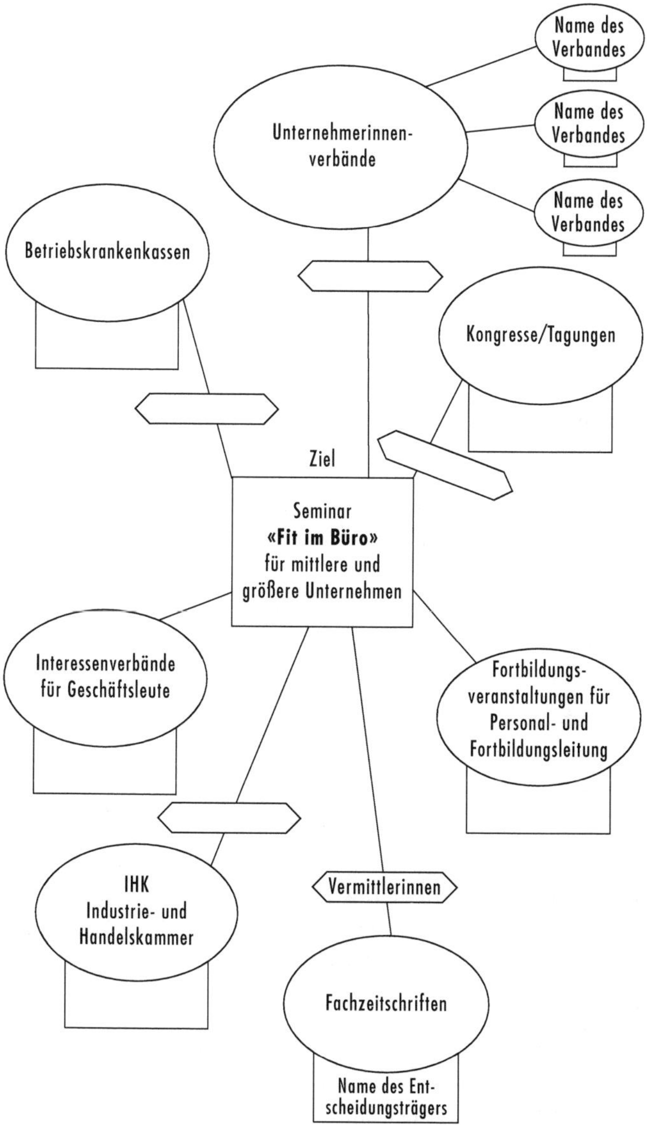

Suchen Sie sich diejenigen Multiplikatoren heraus, die Ihnen im Augenblick am ehesten erreichbar erscheinen.

Überlegen Sie, wen Sie bereits kennen und auf Ihr Fitness-Seminar ansprechen können. Wer kennt die Assistentin der Ausbildungsleiterin in der Firma X? Wer kennt die Sekretärin der Personalchefin, die immer Mittag essen geht mit der Ausbildungsleiterin? Ich selbst bin in die Seminarreihe einer großen Bank aufgenommen worden, weil der Mann einer Freundin auf einer Fortbildungswoche mit der Frau des Seminarleiters dieser Bank zusammengesessen und von meinem Thema, dem Klüngeln, gesprochen hatte.

Denken Sie auch einmal über den Kontakt zu Fachzeitschriften und zu Zeitschriften überhaupt nach. Wenn dort ein Artikel über Sie erscheint, ein Firmenporträt beispielsweise, ist das wirksamer als fünf teure Anzeigen. «Die Power-Frau des Monats» heißt eine Serie, in der Frauen in einer kostenlosen Monatszeitschrift vorgestellt werden, Auflage immerhin 50 000. Die bisher gezeigten «Powerfrauen» waren es wert, gezeigt zu werden – vor allem aber waren sie allesamt irgendwie mit irgendwem aus der Redaktion verklüngelt.

Wenn Sie noch keine direkte oder indirekte Verbindung zu Multiplikatoren sehen, dann überlegen Sie, wo Sie sie finden *könnten.* Welchem Verein, welchem Verband, welchem Club müssten Sie beitreten? Welche Veranstaltungen sollten Sie besuchen, wo mitmachen?

Ebenso wird Ihnen der Zugang zu einem direkten Firmenkontakt nur über Umwege möglich sein: Überlegen Sie, wer aus Ihrem näheren Umfeld dort arbeitet oder etwas mit dieser Branche zu tun hat. Vielleicht geben Ihnen Ihre Notizen im Kapitel «Heben Sie Ihr Klüngelnetz» (Seite 219) schon eine Anregung. Denken Sie an die alte Klüngelregel:

Der längste Umweg
ist immer noch kürzer, als auf schnellstem
Weg eine Absage zu erhalten.

Als Idee für Ihren eigenen Plan hier noch ein Netzplan-Beispiel:

Privater Pflegedienst
Ziel: Sie suchen Patientinnen/Kundinnen in Ihrem Stadtteil oder im näheren Umfeld Ihres Pflegedienstbüros.

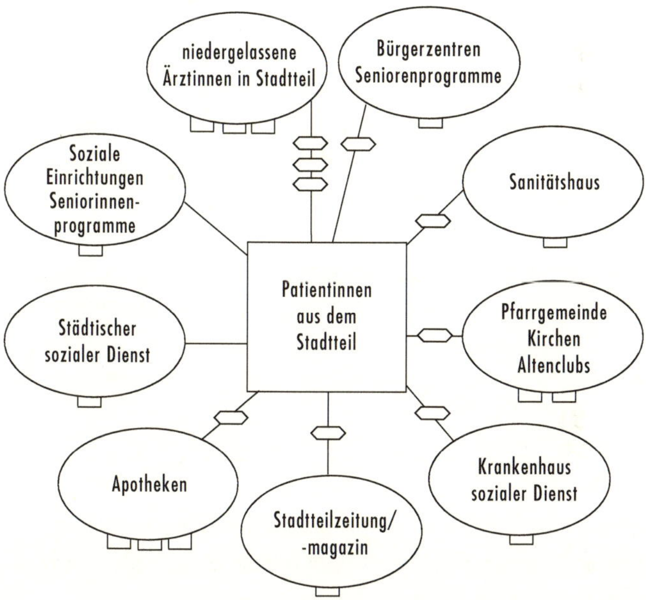

Sie sehen: Multiplikatoren finden sich überall, Ihre fröhliche Postwurfsendung «Hier bin ich, Ihr neuer Pflegedienst!» mag Ihnen den einen oder anderen Pflegevertrag einbringen, die Empfehlung über Ärztinnen oder Sozialdienste ist jedoch wesentlich einträglicher. Wenn Ihre «Klüngel-Verbündeten», zum Beispiel Mutter, Großmutter, Ihre Freundinnen und Bekannte, ihre Ärzte auf Sie aufmerksam machen, damit Sie anschließend Kontakt dorthin aufnehmen können, wenn Ärztinnen und Apothekerinnen Ihren Pflegedienst an ihre Patientinnen empfehlen, wenn Sozialeinrichtungen auf Sie hinweisen und Sie bei Seniorenveranstaltungen über Ihre Einrichtung reden können, dann bringt das allemal mehr als kostspielige Anzeigen. Ihre Flyer können Sie dann immer noch auslegen.

Sollten Ihnen auch nach heftigem Nachdenken nicht genügend Multiplikatoren einfallen, dann reden Sie mit anderen darüber. Laden Sie möglichst viele Personen aus unterschiedlichen Bereichen zu einer «Klüngel-Party» ein: Jede stellt ihr Ziel vor und sucht mit den anderen nach Multiplikatoren. In den Klüngel-Workshops machen wir diese Übung in kleinen Gruppen. Der Ideenaustausch ist immer wieder überwältigend. Da sitzen Frauen mit den ausgefallensten Zielen, zu denen einem zunächst absolut nichts einfallen will – und dann prasseln die Vorschläge, Kontaktpersonen zu den Multiplikatoren werden genannt, oft direkt mit Telefonnummern und Adressen.

Allein die unterschiedlichen beruflichen Erfahrungen der Teilnehmerinnen bringen diese Vielfalt an Einfällen und Ideen hervor. Weil sie selbst von außen auf das Ziel schauen, können sie ihrer Fantasie ohne jegliche Betriebsblindheit freien Lauf lassen.

KLÜNGELN GESTERN, HEUTE UND MORGEN

Männer und Frauen greifen auf unterschiedliche Traditionen zurück, wenn es um die Bildung von Netzwerken geht. Männer klüngeln seit Jahrhunderten, ihre Klüngelkultur ist längst gesellschaftlich verankert. Sie schufen sich Institutionen der Macht – früher hießen sie Hanse, Zunft, Gilde oder Orden, heute sind es Vereine, Parteien oder Wirtschaftsinstitutionen. Dort, wo die Macht sitzt, wo Ämter und Posten verteilt werden, sind Männer zu Hause. Frauen war der Zutritt zu diesen beruflichen und politischen Vereinigungen lange Zeit verwehrt.

MÄNNERBÜNDE, VEREINE UND VERBÄNDE

Gönnen wir uns einen kurzen Blick auf einige dieser «Männerbünde», um zu erkennen, wie allumfassend dieses Geflecht ist. Nur ein kleiner Ausschnitt aus den vielen existierenden Vernetzungen unserer westlichen Welt zeigt bereits, dass kein Lebensbereich davon unberührt bleibt.

Fast schon legendär sind *Elite-Clubs,* etwa Geheimbünde wie Rosenkreutzer, Freimaurer (derzeit ca. 6 Millionen Mitglieder). Zu den erfolgreichsten Männerbünden des 20. Jahrhunderts gehören der Lions Club (rund 1,4 Millionen Mitglieder) und Rotary (rund 1,2 Millionen Rotarier).

Kleiner, aber nicht minder fein sind der Mercedes- und der BMW-Veteranen-Club. Die Mitglieder dieser exklusiven Clubs treffen sich regelmäßig «in kameradschaftlichem Geist», pflegen Geselligkeit und erweitern ihren geschäftlichen und beruflichen Kreis. Demselben Ziel dienen

Clubs und Vereine auf regionaler Ebene, exklusive Yachtclubs, Golf- und Tennisclubs. Weniger exklusiv, aber als Kontaktbörse nicht minder gut geeignet sind Karnevalsvereine, Schützenvereine, Sportvereine, Fußballvereine. Die Wirtschaftsbeiräte der ganz großen Fußballclubs sind meist mit zahllosen Prominenten aus Wirtschaft und Politik besetzt. Wichtig für die Pflege der örtlichen Geschäftsverbindungen sind natürlich Stammtische, wo ebenfalls wertvolle Verbindungen geschaffen werden. Ebenso nützlich ist die Mitgliedschaft in den

Altherrenclubs der Universitäten, vornehmlich die der schlagenden Verbindungen, die für viele Studenten den Einstieg in die Karriere bieten. Aus Amerika kommend breiten sich die *«Alumni-Clubs»* der Universitäten aus, das weltumspannende Netz der Ehemaligen. Diese Clubs gelten als lebenslange Kontaktbörse und die Mitgliedschaft als sicherer Weg zur Karriere. Wenn der Einstieg in den Beruf bereits geschafft ist, bieten sich

Führungskräfte-Verbände und Berufsverbände, z. B. Bundesverband Junger Unternehmer, Union der Leitenden Angestellten, Wirtschaftsjunioren an. Wer als Angestellte/r Karriere machen will, Geschäftskontakte sucht oder andere Unternehmer kennenlernen will, findet sich hier ein.

Wirtschaftsverbände bieten als unausweichliche Ansprechpartner in Sachen Wirtschaft ideale Verbindungen auch zu den Bereichen Politik und Verwaltung. Die Mitarbeit in

Verwaltung und Kommunalpolitik beantwortet Fragen wie: Wer sitzt in den wichtigsten Ausschüssen, in denen über Ausgaben und die Zukunft der Stadt bestimmt wird? Wer entscheidet über die Bautätigkeiten in einer Stadt (Fußballstation, Repräsentationsbauten oder Kindergärten und Schulen)? Hier wird bestimmt, an wessen Bedürfnissen sich die Entscheidungen «für das Gemeinwohl» orientieren. Auch die

Staatspolitik war lange Zeit reine Männersache, trotz der einen oder anderen Ministerin. Mittlerweile haben Frauen in der Bundesrepublik es geschafft, in höchste staatliche Ämter vorzudringen. Es sieht ganz danach aus, als ob dies zur politischen Selbstverständlichkeit wird … hoffen wir. Und auch die

Kirchen, insbesondere die katholische, sind bis heute geschlossene Männerbündnisse.

Ein gemeinsames Merkmal verbindet den Schützenverein mit den Freimaurern, die Ordensbruderschaft mit dem Vorstand des Golfclubs: Sie alle sind ideale Netzwerke zur Einflussnahme, in denen Männer auch heute noch mehr oder weniger unter sich sind. In einfachen oder auch hochkarätigen Verbänden können Männer sich einklinken, Verbindungen nutzen und sich beruflich und wirtschaftlich absichern. Die Netzwerke dienen als Kontakt- und Informationsbörsen – für die Karriereförderung ein Muss.

Die Kraft der Farben und Embleme — Wie aber schaffen Männer den Schulterschluss? Wir mögen es vielleicht komisch finden, aber es sind zu einem großen Teil die Embleme und Abzeichen, Fahnen und Fähnchen, die symbolträchtigen Farben und die kleinen Anstecknadeln aus Edelmetall, die in Männervereinigungen das Gemeinschaftsgefühl herstellen. Können Sie sich einen Schützenverein ohne prächtige Uniformen und federgeschmückte Hüte vorstellen? Die alten Herren der studentischen Verbindungen schmücken sich mit Käppi und Schärpe, unter Zirkel und Winkelmaß versammeln sich die Freimaurer, Rotary hat das Zahnrad zum Emblem erkoren.

Lächeln Sie ruhig darüber, aber unterschätzen Sie nicht die Kraft dieser Rituale. Jeder Bund ist auch eine Schutzgemeinschaft, für die der einzelne Mann gern einen Teil seiner Individualität aufgibt. Er bekommt dafür etwas, das ihn erhöht: Er wird souveräner durch die Vervielfachung der Interessen und eins mit der Gemeinschaft.

Hier trennen sich die Welten der Geschlechter – und dementsprechend werden Einkommen und Einfluss verteilt.

DIE «ANDERE GESCHICHTE» DER FRAUEN

Ein kurzer Blick auf die Geschichte zeigt, dass die Bündnisse von Frauen, soweit sie überhaupt zugelassen waren, sich entweder gegen staatliche Unterdrückung richteten oder sich auf soziale Unterstützung und die Forderung nach dem Recht auf Bildung und Erwerbstätigkeit konzentrierten. Die Frauen konnten sich damit gegenseitig nicht zu Macht, Reichtum und Ansehen verhelfen.

Geschriebene und ungeschriebene Gesetze, kirchliche

Bestimmungen und diskriminierende Ideologien verhinderten in der Geschichte die politische Mitbestimmung und die berufliche Entwicklung und Vernetzung der Frau. Der Ausschluss von der Bildung galt – bis auf wenige Ausnahmen – noch bis zum Ende des 19. Jahrhunderts. Immer wenn neue Institutionen entstanden, entstand auch die Möglichkeit zum formalen Ausschluss von Frauen.

Die Diskriminierung von Frauen auf allen Gebieten wurde in Preußen und den meisten anderen deutschen Teilstaaten sogar juristisch festgeschrieben, ihre gesellschaftliche Zweitrangigkeit damit quasi zum Gesetz erhoben. Als Ersatz wurden Familie, Ehe und Mutterschaft als eigentliche Bestimmung der Frauen propagiert. Hier nur einige Eckpunkte der wenig glanzvollen deutschen Frauengeschichte:

1850 trat das «Preußische Vereins- und Versammlungsrecht» in Kraft. Es untersagte Frauen – neben Jugendlichen und Lehrlingen (!) – die Mitgliedschaft in politischen Vereinen und die Anwesenheit bei politischen Versammlungen. Das Gesetz galt bis 1908.

1865 wurde der Allgemeine Deutsche Frauenbund in Leipzig gegründet. Oberstes Ziel war die Erweiterung der Erwerbsmöglichkeiten für Frauen und das Recht auf Bildung. Frauenverbände für einzelne Berufsgruppen entstanden ab Mitte des 19. Jahrhunderts: Lehrerinnenverband, Akademikerinnenverband, Landfrauenverband. Von politischen Themen mussten sich die Mitglieder fern halten.

1900 trat das Familienrecht des Bürgerlichen Gesetzbuches in Kraft und schrieb bis 1958 die Entmündigung der

Ehefrau fest. Verheiratete Frauen durften ohne Erlaubnis des Mannes nicht arbeiten, mussten sich in Rechtsgeschäften vom Mann vertreten lassen und ihr in die Ehe mitgebrachtes Vermögen in die Kontrolle des Mannes geben, der die Entscheidungsgewalt über alle in der Ehe zu regelnden Angelegenheiten hatte.

1918 wurde den Frauen das Wahlrecht zugestanden.

1921 schloss eine der ersten Parteiverordnungen der Nazis Frauen von den Parteiämtern aus.

Ab 1933 wurden die Berufsverbände der Frauen verboten oder mussten sich in die NS-Frauenschaft einfügen.

Lange noch – bis in die 50er Jahre – galt die «Zölibatsklausel» für weibliche Beamte. Einer Beamtin drohte bei Heirat die Kündigung, mit der rechtlichen Begründung, dass ihr als Doppelverdienerin kein Arbeitsplatz zustünde. Erst 1980 wurde die «Gleichbehandlung von Mann und Frau am Arbeitsplatz» gesetzlich festgelegt.

FRAUENNETZWERKE UND KLÜNGELN

Hinweise auf aktuelle Frauennetzwerke finden Sie unter: www.frauen-kluenglen.de.

Damit in Frauennetzwerken echtes Klüngeln funktionieren kann, noch ein paar Tipps. Ein Netzwerk braucht

- gesellige, «sich selbst feiernde» Begegnungen, die den Beziehungsaufbau unterstützen,

- den persönlichen Austausch bei regelmäßigen Treffen, zu deren Teilnahme die Mitglieder sich verpflichten,
- die übereinstimmende Akzeptanz gegenseitiger Empfehlungen; geschäftliche Erfolge durch das Netzwerk sind beabsichtigt, ebenso wie berufliche Karriere und gesellschaftliche Einflussnahme sowie das Zugehörigkeitsgefühl der Mitglieder.

Dazu bedarf es regelmäßiger Treffen in kürzeren Zeitabständen, bei denen den Netzwerkaktivitäten ebenso viel Bedeutung zukommt wie dem persönlichen Austausch. Heute treffen sie sich zur Besprechung von Interna und geplanten Aktivitäten, beim nächsten Mal zum gemeinsamen Abendessen und später zu gemeinsamen Ausflügen oder zu gegenseitigen Besichtigungen von Firmen und Arbeitsbereichen.

Vom Frauennetzwerk zum Klüngelforum — Ein Netzwerk, das Frauen die Möglichkeit zur gegenseitigen Förderung bieten soll, braucht klare Ziele und Konzepte. Das beginnt bei der Frage, wer Mitglied im Netzwerk sein darf und wer nicht. Zum Klüngeln gehört auch der Mut zur Ausgrenzung. Das fällt vielen Frauen schwer, vermutlich aus der jahrhundertealten Erfahrung heraus, selbst ausgegrenzt zu sein. Wenn Sie aber aus Ihrem Netzwerk ein funktionierendes Klüngelforum machen wollen, brauchen Sie eine homogene Gruppe mit vergleichbarem Hintergrund.

Festgelegte Verpflichtungen und Rituale sind vielen Frauen suspekt. Aber ohne solch bindende Vereinbarungen wird Ihrem Netzwerk die Kraft fehlen. Überlegen Sie, welche Potenziale Sie in Ihrem Netzwerk vereinen wollen und was Sie von Ihren Klüngelpartnerinnen erwarten. Fördern Sie eine positive Diskussions- und Kommunikationskultur, in der Raum gegeben wird für das gegenseitige Sichkennenlernen und die Pflege von Beziehungen. Auch diese Fragen werden Sie sich stellen müssen: Welche Ressourcen stellt das Netzwerk selbst zur Verfügung? Und last but not least: Wie kommt Ihr Zusammenschluss an Geld, um konstruktive Arbeit leisten zu können?

Auch daran sollten Sie denken: Wo wollen Sie Ihr Netzwerk in der Gesellschaft positionieren? Sie wollen mitreden, gehört werden, mitklüngeln. Überlegen Sie, in welchen Organisationen Ihnen das sinnvoll erscheint. Wer sollte in Ihrem Vorstand vertreten sein, um leichteren Zugang und höhere Wirksamkeit nach außen zu schaffen?

Was bringen Sie selbst ins Netzwerk ein? Welches Klüngelpotenzial können Sie zur Verfügung stellen? («Was bieten Sie an?», Seite 128 ff.) Welche Kontakte können Sie für den Verein herstellen, welche Informationen bieten? Und umgekehrt: Was erhoffen Sie sich vom Netzwerk, welche Informationen, welche Kontakte suchen Sie über den Verein?

Kann denn Klüngeln Sünde sein? Wir brauchen Netzwerke und Frauen, die die Positionierung von Frauen in der Berufs- und Geschäftswelt wollen und die Politik mitbestimmen, die Erfolg, Status und Geld anstreben. Männliche Seilschaften dienen der Machterhaltung, Frauennetzwerke müssen Macht erst aufbauen – auch, um männliche Domänen zu erobern.

Kann denn Klüngeln Sünde sein? –
Sünde ist, es nicht zu tun

Klüngeln & Co

Anni Hausladen ist Dipl.-Betriebswirtin, Supervisorin, Business- und Karrierecoach. Sie berät und coacht Frauen aus allen Bereichen der Wirtschaft, Politik und Verwaltung.

Ihre Coachingerfahrung mit Frauen hat sie zur intensiven Auseinandersetzung mit dem Thema berufliche Vernetzung geführt. Heute ist sie die **Klüngel-Expertin** im deutschsprachigen Raum.

Anni Hausladen ist eine gefragte Referentin für Vorträge und Workshops.

Kontakt:
KLÜNGELN & CO
Coaching + Network
Anni Hausladen
Hauptstr. 23
50996 Köln

info@frauen-kluengeln.de
www.frauen-kluengeln.de

Gerda Laufenberg

Die Malerin ist ohne Sikizzenblock kaum denkbar. Gerda Laufenberg zeichnet und skizziert überall, auf Reisen, in Restaurants, auf Tagungen und Kongressen. Die Bilder sind treffend ironisch wie ihre Texte. SIe erzählen fast immer auch eine Geschichte. Wenn die Malerin nicht malt, schreibt sie. Die Golferin und ihr erschreckter Mitspieler (siehe oben) standen ihr – ohne es zu wissen – auf einem isländischen Golfplatz Modell.

Kontakt:
Atelier
Gerda Laufenberg
Mühlenweg 3
50996 Köln

atelier@gerdalaufenberg.de
www.gerdalaufenberg.de